专家与您手拉手系列丛书

黄瓜
栽培技术问答

高丽红　吴艳飞　李　元　编著

中国农业大学出版社

图书在版编目(CIP)数据

黄瓜栽培技术问答/高丽红,吴艳飞,李元编著．—北京:中国农业大学出版社,2007.5

(专家与您手拉手系列丛书)

ISBN 978-7-81117-176-1

Ⅰ.黄… Ⅱ.①高…②吴…③李… Ⅲ.黄瓜-蔬菜园艺-问答 Ⅳ.S642.2-44

中国版本图书馆 CIP 数据核字(2007)第 027629 号

书　名　黄瓜栽培技术问答

作　者　高丽红　吴艳飞　李　元　编著

策划编辑　张秀环　　责任编辑　周　娜

封面设计　郑　川　　责任校对　王晓凤　陈　莹

出版发行　中国农业大学出版社

社　址　北京市海淀区圆明园西路 2 号　邮政编码　100193

电　话　发行部 010-62731190,2620　读者服务部 010-62732336

编辑部 010-62732617,2618　出　版　部 010-62733440

网　址　http://www.cau.edu.cn/caup　E-mail　cbsszs@cau.edu.cn

经　销　新华书店

印　刷　北京时代华都印刷有限公司

版　次　2007 年 5 月第 1 版　2009 年 3 月第 4 次印刷

规　格　850×1 168　32 开本　8.125 印张　180 千字　彩插 1

印　数　10 001～15 000

定　价　12.50 元

内 容 提 要

黄瓜是重要的果菜类蔬菜，全国栽培范围广、面积大，特别是近20年来，随着我国设施园艺的迅猛发展，栽培技术有了突破性的进步，在无霜期短的北方地区，黄瓜已经实现了周年生产和供应。但黄瓜对环境条件要求严格，抗逆性差，病虫害发生严重，要获得优质高产技术难度比较大。本书从侧重于实际应用角度出发，以问答形式深入浅出地阐述了黄瓜的生物学特性、栽培茬口与适用品种、壮苗培育技术、黄瓜栽培常用设施、不同茬口的栽培管理技术、环境调控技术、病虫害发生流行规律及防治技术等，目的是为广大农民提供一套简单易行、可操作性强的技术措施，确保实现黄瓜优质高产。本书讲求一定的科学性，更注重可操作性，适合于广大黄瓜生产者和农村技术员使用。

目　录

一、概述

☞ 1. 黄瓜起源于何地？

黄瓜原产地为喜马拉雅山南麓的印度北部至尼泊尔附近地区。古代由印度分两路传入我国：一路由原产地向东，经东南亚传入印度尼西亚，同时进入中国南部，后来逐步演化形成了华南型黄瓜，其特点是叶片较厚，根系较强，瓜条短粗，皮硬无刺瘤，晚熟。另一路是在公元前 2 世纪初，汉朝人张骞出使西域，经丝绸之路将黄瓜引入我国北方地区种植，并被称之为“胡瓜”，后来逐步演化成了华北型黄瓜，其特点是节间和叶柄较长，根系细长，再生能力弱，瓜条较长，皮薄，有刺瘤，比较早熟。华北型黄瓜经过长期栽培选育，已经形成春黄瓜类型、夏黄瓜类型、秋黄瓜类型和保护地黄瓜类型。

☞ 2. 黄瓜在蔬菜生产中的地位如何？

黄瓜在世界上分布很普遍，是国际上的大陆蔬菜之一。我国黄瓜栽培更为普遍，北至黑龙江，南至海南岛，到处都进行黄瓜栽培，生产面积在蔬菜中位居前列，是真正的大陆蔬菜之一。在 20 世纪 50～70 年代，蔬菜在计划生产的桎梏下，我国人民得不到充足的蔬菜供应，黄瓜被列入“细菜”的高贵行列，除了少数人物，即使城市居民也很难常年吃到黄瓜。20 世纪 80 年代改革开放后，蔬菜从计划经济中解放出来，黄瓜才成了大众蔬菜。20 世纪 80 年代中后期，我国北方以大棚、温室为代表的保护地栽培迅猛发展起来，黄瓜周年栽培、周年均衡供应才得以实现。目前，喜食果菜的北方人，终年可以吃到黄瓜已不是奢望。在众多果菜中，黄瓜以其产量高、经济效益显著、多数人喜食而名列前茅。在世界三大菜篮子之一的山东省，越冬蔬菜栽培中，黄瓜占50%～70%，其他北方各省也占到40%左右。广大的菜农流传着“要脱穷，搞大棚，要想有钱花，赶快种黄瓜。”这一民谚反映了黄瓜在蔬菜生产中的地位。

3. 如何实现黄瓜的周年生产及全年供应?

根据黄瓜生长对环境的要求，在适宜生长季节进行露地生产，在不适宜生长季节利用各种保护设施，通过岔开播种期，进行黄瓜的常年生产和周年供应，使产品均衡上市。在茬口安排上应本着以下原则：第一，根据黄瓜对环境条件的要求及本地区的气候特点，在无霜期内重点安排露地生产；第二，根据当地经济条件和气候特点建造不同的设施，合理安排茬口。黄瓜周年茬口安排及配套设施见表1。

表1 黄瓜不同茬口种植时期

栽培季节	栽培方式	播种期	定植期	收获期
春季	塑料拱棚覆盖（中棚或大棚）	2月中下旬	3月下旬	4月下旬至7月中旬
春季	露地栽培	3月下旬	4月下旬	5月下旬至7月下旬
夏季	露地栽培	5月上旬至6月下旬		6月下旬至9月上旬
秋季	露地栽培	6月下旬至7月上旬直播		8月下旬至10月中旬
秋冬季	日光温室	8月中旬至9月上旬	9月中下旬	10月下旬至3月
冬春季	日光温室	12月中旬至1月中旬	1月下旬至2月上旬	3月下旬至6月下旬

☞ 4. 黄瓜有哪些营养成分？

黄瓜的营养价值非常高，富含纤维素，多种维生素和矿质元素。一般每 500 g 鲜黄瓜中含胡萝卜素 0.56 mg，硫胺素 0.17 mg，核黄素 0.17 mg，尼克酸 1.3 mg，抗坏血酸 26 mg，钙 82 mg，磷 125 mg，铁 1.3 mg，粗纤维 1.3 mg，蛋白质 2.9 mg，脂肪 0.9 mg，碳水化合物 6.9 mg。黄瓜种子还含有脂肪油、挥发油、苦味质、丙醇二酸等。由于营养丰富，黄瓜已成为人们一年四季餐桌上不可缺少的主要蔬菜品种之一。

☞ 5. 黄瓜有哪些医疗保健作用？

黄瓜的医疗保健作用主要有：

①清热止渴，用于烦热口渴、少津、消渴症。

②利水消肿降压，用于水肿、少尿、小便不利、高血压病。

③润肤美容，用于皮肤粗糙，每天用黄瓜水轻按棉布，日久润肤去皱，久敷减肥以令人轻健。黄瓜苦味成分之一葫芦素具有抗肿瘤功能。

此外，黄瓜果实是食用碘的良好来源，对食物补碘代替药物补碘具有重要意义。除果实外，黄瓜叶片及藤蔓具清热、利水、除湿、润肠、镇痛等功效。医疗上将黄瓜藤加工成“煎剂”和“片剂”在高血压临床上有广泛使用，成为一种很有前途的保健品。

☞ 6. 黄瓜栽培对环境会产生什么样的影响？

黄瓜栽培作为一种农业生产活动，与外界环境有着非常密切的关系。生产环境的好坏直接影响着黄瓜产品最终的品质，同时黄瓜栽培的一系列措施也将对周围环境产生或多或少的影响。尤其是随着现代农业的高速发展，黄瓜栽培过程中已经或正在使用着大量化学产品或不合格的废弃资源，给环境带来一定的污染和破坏，影响未来农业的可持续发展。

黄瓜根系浅，吸水吸肥能力差，生育期长，产量高，为了实现黄瓜的优质丰产必然需要施入大量的肥料。但是，我国菜农一直沿用的是经验性施肥，缺乏足够的科学依据和指导，施肥存在着很大的盲目性。这一方面造成了黄瓜产品硝酸盐的超标，另一方面破坏了自然的土壤结构和地下水的质量。为此，在黄瓜施肥上必须尽快推广平衡施肥技术。黄瓜进行棚室栽培时，棚室内温度高，土壤水分蒸发量大，土壤下层肥料盐分及其他盐分会随深层土壤水分蒸发，而沿土壤毛细管上升，最终聚集在浅层土壤和地表面，形成土壤盐类障碍，影响后茬作物生长。

为了控制病虫害的发生，大量化学农药在黄瓜栽培中使用，对环境的影响也不可低估。化学农药对生态环境的危害主要表现在：一是改变了生态平衡。由于农药缺乏选择性，在防治有害生物的同时，对天敌和非靶标生物也造成危害，还有就是另一类生物因减少竞争而增多，使一些次要害虫上升为主要害虫。二是在土壤、水体、大气中残留。一些持久性农药对土壤中多种生物会产生毒害，抑制土壤酶的活性或影响其代谢活动，进而影响土壤质量。进入水体则破坏水生生物种群和降低地下水水质。三是造成农业本身的恶性循环。显著的后果是“自然选择”出抗药性更强的“良种”害虫，然后又加大剂量或开发应用新型的农药来控制。

黄瓜定植时，为了提温、保墒、抑草和驱虫，多采用塑料地膜覆盖栽培。随着地膜使用量的增加，残膜在耕层土壤积累形成了阻隔层，影响农作物对水肥的吸收。残膜缠于犁齿也妨碍农田的机耕作业，使地犁不深。水向土壤的渗透是水依靠自然的重力作用向土壤深层移动的结果。土壤中残膜碎片切断或改变土壤孔隙的连续性，增大孔隙的弯曲性，使水移动时产生较大的阻力，向下移动速度减慢，从而使水分渗透量减小。塑料地膜残留量越大，水分渗透量越少。塑料地膜使土壤渗透性能降低，从而降低了农田土壤的保水能力，削弱了农田的抗旱能力。残留塑料地膜对土壤容重、土壤含水量、土壤孔隙度、土壤透气性、土壤透水性等土壤性能均有明显影响。

因此，黄瓜生产一定要采取规范化无公害栽培技术，这不仅是优质丰产和节本增效的需要，也是降低环境污染、保证农业可持续发展的需要。

二、茬口与品种选择

☞ 7. 黄瓜周年栽培茬口有哪些？

黄瓜茬口类型主要分为 2 大类：一是露地栽培，二是保护地栽培。根据栽培季节不同，露地又分为春黄瓜、夏黄瓜、秋黄瓜 3 个主要茬口类型。保护地栽培根据设施不同又分为小拱棚黄瓜春提早栽培、大棚（或中棚）黄瓜春提早栽培、秋延后栽培、日光温室早春茬栽培、秋冬茬栽培、越冬茬栽培等 6 个主要茬口类型。随着日光温室结构优化、性能提高，一些新型日光温室可以进行越冬长季节栽培，黄瓜生长期跨越秋冬春 3 个季节，初夏生产结束。

☞ 8. 适合保护地春提前栽培的黄瓜品种有哪些？

在保护地黄瓜春早熟栽培中，黄瓜生长的前半期时值早春，外界气温低，光照偏弱，春季温度变化大，生产目的又以早熟丰产为主。因此，在品种选择上应选用耐低温、弱光，适应性强、早熟、丰产、抗病的品种。目前应用较多的品种有：

(1)中农 5 号

是中国农业科学院蔬菜花卉研究所育成的一代杂种，母本为雌性系 371、父本是自交系 376。1989 年和 1991 年分别通过北京市、山西省及全国农作物品种审定，1993 年和 1995 年分别获农业部科技进步一等奖和国家发明三等奖。

特征特性　苗期生长速度快，植株长势强，主蔓结瓜为主，后期回头瓜多。第一雌花着生在第2或3节，以后几乎每节有瓜。瓜条发育速度快，结果集中。瓜棒形，深绿色，有光泽，白刺、刺密。瓜条长32 cm，把长4 cm，横径3 cm，单瓜重100～150 g。质地脆嫩，清香，味浓，品质佳。早熟性突出，播种至始收55～60天，耐低温、弱光。与对照品种长春密刺相比，田间鉴定霜霉病、白粉病病情指数分别降低52.3%和54.3%，枯萎病发病率降低23.9%；苗期人工接种鉴定，抗枯萎病、疫病和细菌性角斑病。每667 m^2 生产5 000 kg以上。

栽培要点　适宜北方各地冬季或早春保护地栽培。苗龄30～35天，苗期控温不控水，不宜蹲苗，宜采用嫁接、高畦地膜覆盖栽培形式，每667 m^2 栽3 000～3 500株。温度管理可比长春密刺低2℃左右，盛瓜期要求肥水条件较好。

(2)中农7号

是中国农业科学院蔬菜花卉研究所育成的三交杂种，1994年通过山西省农作物品种审定。

特征特性　植株长势强，主蔓结瓜，侧枝强。第一雌花着生在主蔓第2或3节，雌株率80%左右，结瓜集中。瓜长棒形，皮深绿色，有光泽。瓜顶无黄条纹，无棱、白刺、刺密。瓜长30～35 cm，把长4.5 cm，横径3 cm，单瓜重150～200 g。肉质脆嫩，味甜，品质好。早熟，播种至始收约60天。较耐低温、弱光。田间表现抗霜霉病、白粉病。每667 m^2 生产5 000～7 000 kg。

栽培要点　适宜北方各地保护地春早熟栽培，栽培要点同中农5号。

(3)农大12号

是中国农业大学园艺学院蔬菜系育成的一代杂种，母本是农大春刺、父本农大冬光。1987年通过北京市农作物品种审定。

特征特性　植株长势旺盛，生长速度快。主蔓结果早，侧蔓结瓜多。第一雌花着生在第5或6叶节，雌花节率30％～40％。瓜长棒形，长35～40 cm，单瓜重400～500 g。瓜深绿色，棱、刺适中，果肉厚。保鲜期长，品质良好。早熟，耐低温性能好，同等条件下，比长春密刺早熟5～10天。耐病。每667 m^2 生产6 000～7 000 kg。

栽培要点　适宜我国北方各地温室及塑料大棚春早熟栽培。苗龄不宜过长。秧苗一片真叶展开后，温度保持在白天23～25℃，夜间13～15℃，使昼夜温差在10℃以上，可提高雌花节率。侧蔓多，宜稀植，每667 m^2 栽3 000～3 500株。喜肥水充足，苗期不宜蹲苗过长。

(4)农大14号

是中国农业大学园艺学院蔬菜系育成的一代杂种，母本农大秋光、父本农大冬光。1987年通过北京市农作物品种审定。

特征特性　植株长势旺盛，分枝能力强。第一雌花着生在第4或5节，雌花节率35％～40％，雄花稀少。瓜条发育速度快，可多条瓜同时膨大。瓜长棒形，长约40 cm，单瓜重500 g以上。瓜深绿色，无棱、有刺、肉厚、质脆、味甜、保鲜期长、品质好。早熟性突出，耐低温性能好，能在偏低夜温（12～16℃）下生长，比长春密刺早熟10～15天。耐病。每667 m^2 生产5 000 kg以上。

栽培要点　适宜我国北方各地温室及塑料大棚春提前栽培。苗龄不宜过长，苗期控温不控水，防止过于干旱造成"花打顶"现象。每667 m^2 栽3 000～3 500株。喜肥，水充足，苗期不宜蹲苗过长。

(5)津杂1号

是天津市农业科学院黄瓜研究所育成的一代杂种，母本 761-5-17、父本 77-19-7-1。1985 年通过天津市农作物品种审定。

特征特性　植株长势强，叶片中等大小，深绿色。主蔓先结瓜，分枝性中等。第一雌花节位在第 3 或 4 节，雌花节率为 46%，回头瓜较多。瓜长棒形，绿色，白刺，棱瘤较明显。瓜身有黄色条纹。瓜条长 37 cm，横径 3.5 cm，单瓜重约 200 g。无苦味，瓜肉脆甜，品质佳。早熟性接近于对照长春密刺，但抗病能力明显增强，霜霉病和白粉病病情指数分别降低 66.2% 和 99.3%，枯萎病发病率降低 70.8%。每 667 m^2 生产 5 500 kg 左右。

栽培要点　适宜我国北方冬季、早春温室及大、中、小棚栽培和春露地栽培。育苗苗龄在 35～40 天，严禁大蹲苗。当瓜秧结瓜后，下部容易出现分枝，10 节以下分枝以全部打掉为宜。中上部出现分枝后，每一分枝留一条瓜，见瓜后留 1 或 2 片叶打顶。栽培期间，注意防止疯秧徒长和及时防治蚜虫。

(6)津杂 2 号

是天津市农业科学院黄瓜研究所育成的一代杂种，母本 761-1-1-6、父本 76-1-5-15。1988 年和 1998 年分别通过天津市和青海省农作物品种审定。

特征特性　植株长势强，叶片中等大小，深绿色。主蔓结瓜为主，分枝 4～6 条，第一雌花着生在第 4～6 节。瓜长棒形，瓜皮深绿，白刺，棱瘤较明显。瓜长 37.6 cm，横径 3.6 cm。瓜把长 5 cm，单瓜重约 200 g。瓜头有黄色条纹，皮薄、质脆、味甜、品质佳。早熟，全生长期 150 天。抗病能力强，与对照长春密刺相比，霜霉病和白粉病病情指数分别降低 70%和 100%，枯萎病发病率降低 50%。每 667 m^2 生产7 500 kg 左右。

栽培要点　适宜我国北方各地早春温室及大中、小棚栽培，栽培要点同津杂1号。

(7)津春2号(88-7)

是天津市农业科学院黄瓜研究所育成的一代杂种，母本3087-1-3、父本86-3-1-4。1993年通过天津市农作物品种审定。

特征特性　植株长势中等，株型紧凑，株高1.5～1.8 m。结瓜后能自封顶，分枝少，叶片中等大小，深绿色。以主蔓结瓜为主，单性结实能力强、瓜码密，一般3或4节开始结瓜，以后每隔1或2节结一瓜，成瓜速度快。瓜长棒形，深绿色，有光泽，白刺，瓜长30 cm左右，单瓜重200～300 g。瓜条顺直，清香味浓。早熟，耐低温弱光能力强，抗病性(霜霉病、白粉病和枯萎病)强。每667 m^2 生产一般在5 000 kg以上。

栽培要点　适宜我国各地大、中、小棚及日光温室春早熟栽培。苗龄35～40天，育苗期间注意控温不控水。定植时，保护地内土壤温度应稳定在12～13℃以上，夜间最低气温在5℃以上，定植后不宜蹲苗。由于分枝性弱，且结瓜后自封顶，不用掐尖打蔓，并可适当密植，每667 m^2 栽4 000株。

(8)津优1号

是天津市农业科学院黄瓜研究所利用451×Q12-2配制的一代杂种，1997年通过天津市农作物品种审定。

特征特性　植株生长势强，叶片深绿色。侧蔓较少，主蔓结瓜为主。第一雌花着生在第3或4节，雌花节率80%左右。瓜条长棒形，瓜长36 cm，单瓜重200 g左右。瓜把短，皮色深绿，有光泽。瘤显著，密生白刺。果肉绿白色，质脆，品质优，商品性好。耐低温和弱光性能好，高抗霜霉病、白粉病和枯萎病,丰产性和稳产性好。早熟,播种至采收60~70天,春季塑料大棚栽培采收期70~90天,每667 m^2生产5 800~6 300 kg。

栽培要点　适宜我国北方各地春、秋塑料大棚栽培。苗龄30~35天,每667 m^2栽苗3 500株。采收中后期加大水肥量,并进行叶面喷肥。

(9)津优2号

是天津市农业科学院黄瓜研究所利用m-8×P_2配制的一代杂种。1998年通过天津市农作物品种审定。

特征特性　植株生长势较强,茎较粗,分枝中等,叶片肥大,深绿色。主蔓结瓜为主,瓜码密,几乎节节有瓜,回头瓜多,生长速度快。瓜条长棒状,长34 cm左右,单瓜重200 g,瓜把短(4~5 cm)。瓜皮深绿色,有光泽,刺瘤中等,白刺,果肉深绿色,品质优,商品性好,无黄脑门,口感脆,无苦味。耐低温弱光,高抗霜霉病、白粉病和枯萎病。早熟,播种至始收60~70天,采收期80~100天,每667 m^3生产5 500 kg左右。

栽培要点　适宜三北地区早春日光温室和塑料大棚栽培。适期播种,苗龄35~40天,每667 m^2栽3 500株。

(10)春香

是北京市农林科学院蔬菜研究中心育成的一代杂种,母本831×H、父本811×Y。1993年通过北京市农作物品种审定。

特征特性　植株长势较强,蔓长2 m,根系发达,叶绿色,节间长约10 cm,最大叶横径23 cm。第一雌花着生在第2或3叶节,以后隔1或2节再生雌花,主蔓结瓜为主,摘心后回头瓜多。瓜条顺直、绿色、刺瘤白色、皮薄、肉厚、质脆、味甜、品质佳。瓜长30 cm左右,把长2~3 cm,单瓜重约 250 g。早熟，具有极强的抗寒性和耐弱光性，对霜霉病、白粉病和枯萎病等的抗性强于长春密刺，每 667 m^2 生产 4 000～5 000 kg。

栽培要点　适宜华北、东北及西北地区保护地及春露地早熟栽培。苗龄 35～40 天为宜，苗期生长速度快，坐瓜早，可不蹲苗或小蹲苗，但要控制营养生长不宜过旺。此外，春季在植株生长后期气温较高时，需加强肥水管理并及时采收。

☞ 9. 适合日光温室越冬栽培的黄瓜品种有哪些？

日光温室冬季及早春室内温度低、光照弱、空气湿度大及外界天气状况变化频繁等环境特点。要求本茬品种选择上首先要具有较强的耐低温、弱光及高湿能力，同时由于其生长期长，还要求品种长势强，不易发生早衰现象。适宜品种有：

(1)裕优 3 号

是中国农业大学园艺学院蔬菜系育成的优良一代杂交种。

特征特性　耐低温、耐弱光性强，能在 12～16℃ 偏低夜温下正常生长，适于日光温室越冬和春提早栽培。抗枯萎、角斑、菌核病，对霜霉等病害有较好的耐病性。本品种前期生长势适中，第一雌花着生在第 4 或 5 节，雌花节率 30%～40%，结瓜性能好，不易化瓜。平均瓜长 30～35 cm，单瓜重 200～300 g。条直把短，有棱，刺瘤较密，口感甜脆，心腔小，皮色鲜绿，富有光泽，商品性佳。收根瓜后植株越长越旺，结瓜多，丰产性强。冬春长季节越冬栽培产量可达 10 000 kg 以上。

栽培要点　生态适应性强，适合保护地冬春茬栽培或一茬到底的越冬长季节栽培。耐热性有限，秋冬茬栽培播期不能过早。株型伸展，每 667 m^2 栽苗数 3 500 株为宜，属丰产型品种，要求施足基肥，加强结瓜期的肥水管理，适时采收。

(2)中农 11 号

是中国农业科学院蔬菜花卉研究所育成的一代杂种。

特征特性　植株生长势强，生长速度快，主蔓结瓜为主。第一雌花着生主蔓 3 或 4 节，以后每隔 3 或 4 节出现一朵雌花，回头瓜多，耐低温强。瓜长棒形，瓜色深绿，有光泽，花纹较轻，刺密。瓜长 30～35 cm，单果重 150～200 g。瓜条顺直，商品性好。高抗黑星病，枯萎病，抗疫病，耐霜霉病。每 667 m^2 生产 5 000～8 000 kg。

栽培要点　华北地区日光温室越冬茬 10 月上中旬播种，苗龄 20～25 天，每 667 m^2 栽 3 500～4 000 株为宜。

(3)中农 13 号

是中国农业科学院蔬菜花卉研究所育成的日光温室专用雌性三交种。

特征特性　植株生长势强，生长速度快，主蔓结瓜为主。第一雌花着生主蔓 2 或 3 节，其后连续雌花。雌株率 50%～80%，单性结实率强，可多条瓜同时生长，回头瓜多，耐低温强，早熟。瓜长棒形，瓜色深绿，有光泽，无花纹。瓜长 25～35 cm，单果重 100～150 g。高抗黑星病，抗疫病、枯萎病、角斑病，耐霜霉病。每 667 m^2 生产 6 000～7 000 kg。

栽培要点　华北地区日光温室越冬茬 10 月上旬育苗，苗龄 20 天，适当稀植，每 667 m^2 栽 2 500～3 200 株为宜。喜肥，勤追肥勤采收。生长后期结合预防白粉病，叶面喷肥 6～10 次。

(4)津春3号

是天津市农业科学院黄瓜研究所育成的一代杂种，1994年通过天津市农作物品种审定。

特征特性　植株长势强，叶片肥大，深绿色，分枝性中等。主蔓结瓜为主，回头瓜多，单性结实能力强。瓜长棒形，绿色，白刺，刺瘤适中，有棱。瓜长30 cm左右。瓜把长4 cm左右，单瓜重约200 g。瓜条顺直，风味较佳，早熟，播种至开始采收约50天。耐低温、弱光能力强，抗霜霉病和白粉病，病情指数分别比对照长春密刺低45.7%和60.0%。每667 m^2生产一般5 000 kg以上。

栽培要点　适宜我国各地日光温室越冬茬栽培，播种期为9月下旬至10月上旬。苗龄1个月左右，培育壮苗，适期定植，宜采用高畦地膜覆盖栽培形式，每667 m^2栽3 500株。结瓜盛期加强肥水管理，及时采收。采用嫁接技术，则更能发挥其耐低温、弱光性能，达到高产稳产的栽培效果。

(5)津绿3号

是天津市农业科学院黄瓜研究所育成的一代杂种。

特征特性　植株生长势强，叶深绿色。主蔓结瓜为主，第一雌花着生在第4节左右，雌花节率约30%。果实棒状，长30 cm左右，单瓜质量150 g左右，商品性好。瓜把短，瓜色深绿，有光泽，瘤显著，密生白刺，果肉绿白色，质脆，品质优。早熟，从播种到采收60～70天。采收期80～90天。耐低温和耐弱光性能优良，对枯萎病、霜霉病、白粉病的抗性强，均达抗病级，适合保护地栽培。经过近几年在天津、山东、山西、河北、辽宁、河南等地试验示范，每667 m^2生产6 000 kg左右。

栽培要点　适合天津及华北地区越冬温室及早春大棚

栽培。一般在 9 月下旬至 10 月上旬播种育苗。嫁接可提高其耐低温及抗枯萎病的能力。结瓜期及时追肥,采收中期加大肥水量,并进行叶面追肥 3～5 次,以减少化瓜,提高中后期产量。生长中后期主要防治霜霉病、蚜虫、潜叶蝇。对病虫害以综合防治为主,注意栽培管理,减少病害发生。

(6)津优 2 号

见前面品种介绍。

(7)津优 3 号

是天津黄瓜研究所育成的一代杂种。1999 年通过天津市和山西省农作物品种审定委员会的审定。

特征特性　植株生长势强,叶色深绿。主蔓结瓜为主,第一雌花着生在第 4 节左右,雌花节率约 30%。果实棒状,长 28 cm 左右,单瓜质量 130 g 左右。瓜把短,瓜色深绿有光泽,瘤显著,商品性好。耐低温、耐弱光性能优良。对枯萎病、霜霉病、白粉病的抗性均达到抗病级。日光温室越冬栽培采收期可达 150 天,每 667 m^2 生产 7 500 kg 左右。

栽培要点　适宜北方各地冬季或冬春季保护地栽培。日光温室越冬栽培一般 9 月下旬至 10 月上旬播种育苗。采用黑籽南瓜进行嫁接育苗,可提高其耐低温和抗枯萎病能力。

(8)春光 1 号

是中国农业大学园艺学院蔬菜系育成的水果型黄瓜一代杂种,1990 年通过北京市科委组织的科技攻关验收。

特征特性　植株生长健壮,株型紧凑。结瓜性能好,是强雌型品种,雌花节率 60%～70%。瓜长棒形,长 21 cm、横径 4～5 cm、把长短于 2 cm。瓜条整齐,商品性好。果面光滑,无棱、刺、瘤,皮色鲜绿,光泽好,果肉厚,皮薄,外腔小于横径的1/3，口感香甜、爽口。味浓，与长春密刺相比，维生素C含量提高15%、还原糖含量提高25%，磷含量高出2倍以上。耐寒性强、不耐热，低温条件下能良好生长。较抗枯萎病、角斑病和霜霉病，每667 m^2 生产5 000 kg左右。

栽培要点　适宜北方各地冬季或冬春季保护地栽培。苗龄温室栽培30天左右，大棚栽培45天左右，每667 m^2 栽4 000株左右。4节以下摘除雌花。瓜条适时（长20～22 cm）采收，过晚将影响感观品质和产量。

10. 适合保护地秋延后栽培的黄瓜品种有哪些？

黄瓜秋延迟栽培中，前期温度高，后期温度低，所以选用的品种要耐热抗寒、生长势强、抗病力强。秋冬季市场规律一般是上市越晚，经济效益越高，所以中后期产量高的品种才能取得较高的经济效益。后期采收的产品如能短期贮藏保鲜，延长供应时间则价格更高，所以要求品种有一定的贮藏性。目前常用的品种有：

(1)中农8号

是中国农业科学院蔬菜花卉研究所育成的一代杂种，1995年和1997年分别通过山西省农作物品种认定和审定。

特征特性　植株长势强，生长速度快，株高220 cm以上。主侧蔓结瓜，分枝多，第一雌花节位在主蔓第4～6节，以后每隔3～5节出现一朵雌花。瓜条顺直，色深绿，有光泽。顶部无黄条纹，瘤小、刺密、白刺、瓜把短，心腔小，质脆、味甜，清香。瓜长35.1 cm，横径3.3 cm。瓜把长3.0 cm。中熟。抗霜霉病、白粉病和枯萎病。每667 m^2 生产4 000～6 135 kg。

栽培要点　北方地区秋延后保护地栽培，7月下旬至

8 月上旬直播。分杈多，不宜密植，每 667 m² 栽 3 500～4 000 株。茎蔓爬满架后及时打顶，促早发侧枝，侧枝留一叶一瓜摘心。

(2)中农 1101

是中国农业科学院蔬菜花卉研究所育成的一代杂种，1987 年通过山西省农作物品种审定，1989 年获农业部科技进步三等奖。

特征特性　植株长势强，以主蔓结瓜为主，侧枝 2 或 3 条。第一雌花着生在主蔓第 5～8 节，雌花密，结瓜集中。瓜长棒形，色深绿，刺浅黄。刺瘤适中，无棱。瓜长 35～45 cm。把长 5 cm，横径 3.5 cm，单瓜重 150～200 g。肉质脆嫩、甜、品质好。中晚熟，从播种至始收，春季约 60 天，秋季约 45 天。抗逆性强，田间白粉病和炭疽病病情指数分别比对照津研 2 号降低 51.1%和 66.3%。苗期人工接种鉴定，抗霜霉病、白粉病和疫病等。平均每 667 m² 生产 5 270 kg。

栽培要点　适宜华北地区春露地或大棚秋延后栽培。苗龄 30～35 大，每 667 m² 栽 3 000～3 500 株。喜肥水，施足底肥，中期勤追肥浇水，生长期叶面喷肥 6～10 次，可提高中后期产量。

(3)京旭 2 号

是北京市农林科学院蔬菜研究中心育成的一代杂种，1987 年通过北京市农作物品种审定。

特征特性　植株长势强，叶色深绿。主侧蔓结果，侧枝 4～6 个。第一雌花着生在第 8～10 叶节。瓜长棒形，长 35 cm，横径 3～4 cm，瓜把短，瓜深绿色，棱、刺适中，肉厚、质脆、品质佳。中晚熟，抗霜霉病、白粉病和病毒病、耐疫病。每 667 m² 生产 2 000～3 000 kg。

栽培要点　适宜华北地区秋季露地及塑料大棚秋季延

后栽培。北京地区秋露地栽培 6 月下旬播种,秋大棚栽培 7 月下旬播种,每 667 m^2 栽 4 500～5 000 株。苗期注意防涝。合理整枝,对有效侧枝及时摘心。

(4)农大秋棚 1 号

是中国农业大学园艺学院蔬菜系育成的一代杂种。1991 年通过北京农作物品种审定。

特征特性　植株长势强,分枝能力中等。第一雌花着生在第 5～8 节。雌花节率 30%,结果性能好,可多条瓜同时生长。瓜长棒形,长 30～35 cm,单瓜重 300～400 g。瓜色深绿,有光泽。瓜头无明显黄条纹,刺瘤适中,质地脆,味香甜,保鲜期长,品质好。后期在偏低温度条件下,瓜条发育速度快。耐涝性较好,对霜霉病、白粉病、炭疽病的抗性与津研 4 号接近,对枯萎病的抗性强于津研 4 号。每 667 m^2 生产 3 000 kg 以上。

栽培要点　适宜全国各地温室及塑料大棚秋延后栽培。北京地区 7 月下旬至 8 月上旬直播,或 7 月下旬播种育苗,8 月上旬小苗定植。采用地膜覆盖栽培,每 667 m^2 栽 3 000～3 500 株。

(5)津优 1 号

见前面品种介绍。

☞ 11. 适合春季露地栽培的早中熟黄瓜品种有哪些?

露地春黄瓜栽培应选用较耐低温、雌花节位低、瓜码密、早熟、节成性好的春黄瓜类型,各地区因消费习惯不同,其主栽品种各异,北方地区喜欢密刺类型黄瓜,常用品种有:

(1)中农 2 号

是中国农业科学院蔬菜花卉研究所育成的一代杂种,

母本为雌性系 7925、父本为 93 自交系。1990 年通过全国农作物品种审定。

特征特性　植株生长健壮，主、侧蔓结瓜，分枝性较强。第一雌花着生在第 4～7 节，以后几乎每节均为雌花，瓜码密，结果集中。瓜长棒形，深绿色，刺瘤适中，无棱。瓜长 36 cm，把长 4.5 cm，横径 3.5 cm，单瓜重 150～200 g。瓜肉质脆、味甜，品质好。中熟，播种至始收，春季约需 58 天，秋季约需 42 天。与对照津研 2 号相比，田间鉴定霜霉病、白粉病和炭疽病病情指数分别降低 10.5%，13.5% 和 28.5%，疫病发病率降低 49.8%。苗期人工接种鉴定，抗霜霉病和白粉病，中抗炭疽病，每 667 m^2 生产 5 500 kg 左右。

栽培要点　适宜北方各地春秋露地栽培。每 667 m^2 栽 3 000～3 500 株，要求肥水条件较好。

(2)中农 6 号

是中国农业科学院蔬菜花卉研究所育成的一代杂种。

特征特性　生长势强，主侧蔓结瓜。第一雌花节位在主蔓第 3～6 节，以后每隔 3～5 节出现一朵雌花。瓜色深绿，无花纹，瘤小、刺密、白刺、无棱。瓜把短。瓜长 30～35 cm，直径 3 cm。抗霜霉病、白粉病和黄瓜花叶病毒，每 667 m^2 生产 4 500 ～5 000 kg。

栽培要点　适宜春季露地栽培，在华北等地栽培，每 667 m^2 栽 3 500～4 000 株。侧蔓留两叶一瓜摘心。

(3)中农 8 号

是中国农业科学院蔬菜花卉研究所育成的一代杂种，1995 年和 1997 年分别通过山西省农作物品种认定和审定。

特征特性　植株长势强，生长速度快，株高 220 cm 以上。主侧蔓结瓜，分枝多，第一雌花节位在主蔓第 4～6 节，以后每隔3～5节出现一朵雌花。瓜条顺直，色深绿，有光泽，顶部无黄条纹，瘤小、刺密、白刺。瓜把短，心腔小、质脆、味甜、清香。瓜长35 cm、横径3.3 cm，瓜把长3.0 cm。中熟，抗霜霉病、白粉病和枯萎病，每667 m^2 生产4 000～6 000 kg。

栽培要点　适宜我国南北各地春、秋两季露地栽培。分杈多，不宜密植，每667 m^2 栽3 500～4 000株。茎蔓爬满架后及时打顶，促早发侧枝，侧枝留一叶一瓜摘心。

(4)津杂1号

见前面品种介绍。

(5)津杂2号

见前面品种介绍。

(6)津杂3号

是天津市农业科学院黄瓜研究所育成的一代杂种，1989年通过天津市成果鉴定，1992年通过天津市农作物品种审定。

特征特性　长势强，叶片大而厚、色深绿。分枝性强，主、侧蔓结瓜。第一雌花着生在第3或4节。瓜棒形，深绿色、有光泽，白刺、棱瘤明显。平均瓜长31.4 cm，瓜把长4.5 cm，横径4.5 cm，单瓜重约200 g。瓜肉质脆、清香，品质中上。中晚熟，露地栽培，播种到始收，春播需69天，秋播需42天。田间鉴定霜霉病病情指数比对照津研2号低62.6%，枯萎病和疫病死株率分别降低91.8%和62.2%。苗期人工接种鉴定，高抗霜霉病和枯萎病，中抗白粉病，每667 m^2 生产5 000 kg以上。

栽培要点　适宜我国北方各地春、秋露地栽培。注意培育适龄壮苗，春播苗龄40～45天，苗期不宜大蹲苗。每667 m^2 栽3 500株左右。勤绑蔓，早打杈，7节以下侧枝全部打掉，以防止主蔓化瓜。

(7)津杂4号

是天津市农业科学院黄瓜研究所育成的一代杂种，1992年通过天津市农作物品种审定。

特征特性　植株长势强，分枝性强，主、侧蔓结瓜。第一雌花着生在第3或4节。瓜长棒形，深绿色，有光泽、白刺，棱瘤明显。平均瓜长33.3 cm，瓜把长5.0 cm、横径3.4 cm，单瓜重约200 g。瓜肉质脆、清香，品质佳。早熟性接近于对照长春密刺，播种到始收约68天。田间鉴定霜霉病和白粉病病情指数比对照高52.4%和67.5%，枯萎病发病率低74%。苗期人工接种鉴定，高抗霜霉病和白粉病，抗枯萎病和炭疽病，每667 m^2 生产5 000 kg以上。

栽培要点　适宜我国北方各地露地及大棚春早熟栽培，栽培技术要点同津春4号。

(8)津绿4号

是天津市农业科学院黄瓜研究所用F15×Q24配制的一代杂种，1997年通过天津市农作物品种审定。

特征特性　植株长势强，叶片深绿。分枝性中等，主蔓结瓜为主。第一雌花着生在第6或7节，雌花节率40%左右。回头瓜多，侧蔓结瓜后自封顶。瓜条长棒形，瓜长35 cm，单瓜重250 g左右。瓜把短，皮色深绿，有明显光泽。瘤显著，密生白刺。果肉绿白色、质脆，品质优，商品性好。耐高温性能优良，高抗霜霉病、枯萎病，抗白粉病，丰产性和稳产性好。早熟，播种至采收60～70天，采收期70～90天，每667 m^2 生产5 000～5 500 kg。

栽培要点　适宜我国北方各地春、秋露地栽培。苗龄30～35天，每667 m^2 栽苗3 500株。

(9)津春4号

是天津市农业科学院黄瓜研究所育成的一代杂种，1993年通过天津市农作物品种审定，1994年被列为国家科技重点推广项目。

特征特性　植株长势强，株高2.0～2.4 m，分枝多，主蔓结瓜为主，并有回头瓜。瓜长棒形，深绿色，有光泽，白刺，棱瘤明显。瓜条长30 cm左右，单瓜重约200 g。腔心小于瓜粗的1/2，瓜把约为瓜长的1/7。瓜肉厚，质脆、味清香，品质佳。抗病能力强，霜霉病和白粉病病情指数分别比对照津研4号低11.6%和27.1%，枯萎病发病率低85.7%。每667 m^2 生产5 500 kg左右。

栽培要点　适宜我国各地进行露地栽培，苗期管理注意“促”、“控”结合，定植后注意及时缓苗，每667 m^2 保苗3 200株左右。当瓜秧结瓜后，下部容易出现分枝，10节以下分枝以全部打掉为宜。中上部出现分枝后，每一分枝留一条瓜，见瓜后留1或2片叶打顶。栽培期间，注意防止疯秧徒长和及时防治蚜虫。

(10)津春5号

是天津市农业科学院黄瓜研究所育成的一代杂种。

特征特性　植株长势强，主侧蔓可同时结瓜。第一雌花春露地栽培在第5叶节、秋季栽培在第7叶节。瓜条商品性状好，深绿色，有光泽，刺、瘤中等，长33 cm、横径3 cm左右，腔小、肉厚，口感脆嫩、清香，用于加工腌渍出菜率达56%，符合外贸出口标准。兼抗霜霉病、白粉病和枯萎病等多种病害。每667 m^2 生产4 000～5 000 kg。

栽培要点　适宜我国各地作早春小拱棚、露地地膜覆盖等早熟栽培，也适宜作春茬、夏茬和秋茬露地栽培，栽培密度为每667 m^2 栽3 200株左右。由于主侧蔓同时结瓜，至盛瓜期要加强肥水管理，防止瓜秧早衰。

12. 适合露地夏秋栽培的中晚熟黄瓜品种有哪些？

不同地区栽培所选品种不同。炎热地区要选择耐热性强的品种，夏季多雨地区要选用耐涝抗病的品种，越夏一季栽培的要选生长期长的品种。近年选育出很多适应不同地区越夏栽培的品种：如广东的大青、夏青 2 号、夏青 3 号、夏青 4 号；山东的宁阳大刺、朱庄秋瓜、鲁春 32；天津的津研 1-4 号，津研 7 号、津杂 3 号、津杂 4 号；北京的截头瓜，中农 1101，京旭 2 号；陕西的西农 58、西农棒槌瓜；辽宁的夏丰 1 号；江苏南京的宁丰；湖南蔬菜研究所的湘瓜 1 号、湘瓜 2 号等品种。但总的原则是，早熟品种不适宜夏季或越夏一季栽培。

(1)京旭 2 号

是北京市农林科学院蔬菜研究中心育成的一代杂种，1987 年通过北京市农作物品种审定。

特征特性　植株长势强，叶色深绿，主侧蔓结瓜，侧枝 4～6 个。第一雌花着生在第 8～10 叶节。瓜长棒形，长 35 cm，横径 3～4 cm。瓜把短，瓜深绿色，棱、刺适中，肉厚、质脆、品质佳。中晚熟。抗霜霉病、白粉病和病毒病，耐疫病。每 667 m^2 生产 2 000～3 000 kg。

栽培要点　适宜华北地区秋季露地及塑料大棚秋季延后栽培。北京地区秋露地栽培 6 月下旬播种，秋大棚栽培 7 月下旬播种，每 667 m^2 栽 4 500～5 000 株。苗期注意防涝。合理整枝，对有效侧枝及时摘心。

(2)宁丰 1 号

是江苏省南京市蔬菜研究所育成的一代杂种，1984 年通过江苏省农作物品种审定。

特征特性　植株长势强，株高 2.3 m 左右。主蔓结瓜为主，侧枝结瓜 1 或 2 条。第一雌花着生在第 6～8 叶节。瓜长棒形，皮深绿色，棱明显，白刺，刺瘤密、质脆、味甜。瓜长 39 cm、横径 4.7 cm，单瓜重 400～500 g。中熟，耐热。抗霜霉病、白粉病、病毒病，耐枯萎病，不抗疫病和炭疽病。每 667 m^2 生产 2 000～2 500 kg。

栽培要点　适宜南京、江苏、山东等地夏秋季节栽培。南京地区从 6 月下旬至 7 月上旬直播，8 月上旬至 9 月上旬收获；秋季 7 月中旬播种，8 月下旬至 10 月上旬收获。播种后注意保苗，每 667 m^2 栽 3 500～4 000 株。

(3)宁丰 4 号

是江苏省南京市蔬菜研究所 74-18-5-1 和冀黄瓜 2 号-1-2 杂交后系选育成。1997 年通过江苏省农作物品种审定。

特征特性　植株生长势强，抗热性好。瓜条长，刺密瘤小，甜而脆，属华北长棒刺瓜类型。较抗枯萎病，耐霜霉病。夏秋栽培每 667 m^2 生产 2 000 kg 左右。

栽培要点　适宜江苏各地夏秋季栽培。适宜播种期：夏黄瓜 5 月下旬至 6 月下旬；秋黄瓜 7 月上旬至 7 月中旬。播种后盖遮阳网遮阳防雨，宜密植，每 667 m^2 栽 4 000 株左右。

(4)夏青 3 号

是广东省农业科学院经济作物研究所与植物保护研究所合作育成。用雌性系 75 作母本，穗青作父本进行杂交后，经多代选育而成。1989 年通过广东省农作物品种审定。

特征特性　植株长势强，叶片较厚、色深绿，主侧蔓结瓜。第一雌花着生在第5～7节。瓜短圆筒形，粗细均匀，白刺、刺少，刺瘤不明显。瓜长21.2 cm，横径4.4 cm，单瓜重240 g。瓜肉质脆、味清甜、品质好。早熟，夏、秋季播种至始收33天，全生育期60～65天。耐热、抗病，田间鉴定枯萎病病情指数比夏青2号降低48.3%。苗期人工接种鉴定，抗枯萎病、疫病和细菌性角斑病，每667 m^2生产2 500 kg左右。

栽培要点　适宜华南地区夏秋季栽培。广州地区3月中旬至8月上旬播种，宜采用高畦栽培，每667 m^2栽3 500株。搭架栽培，勤绑蔓，注意防治虫害。

(5)夏青4号

是广东省农业科学院经济作物研究所与植物保护研究所合作育成的一代杂种，1994年通过广东省农作物品种审定。

特征特性　植株长势强，叶色深绿，主、侧蔓结瓜，分枝少。第一雌花着生在第4或5节，瓜码密。瓜短圆筒形，色翠绿，有光泽，粗细均匀，白刺、刺稀疏、刺瘤不明显。瓜长22 cm，无瓜把，横径4.4 cm，单瓜重200 g。肉质脆、味清甜，品质佳。早熟，秋季播种至始收33天，全生育期60～65天。耐热。田间鉴定霜霉病、炭疽病病情指数分别比津研2号降低9.3%和82.6%，疫病发病率降低38.4%。苗期人工接种鉴定，抗枯萎病、白粉病、炭疽病和疫病等。每667 m^2生产2 500 kg左右，可比夏青2号增产50%左右。

栽培要点　适宜华南地区夏秋季栽培，栽培技术要点同夏青3号。

(6)鲁秋1号

是山东省农业科学院蔬菜研究所育成的一代杂种，1991年通过山东省农作物品种审定后定名(原代号87-3)。

特征特性　植株生长势旺盛，叶色深绿。主蔓结瓜为主。第一雌花着生在第 6 或 7 节。瓜长棒形，浅绿色，白刺，刺瘤小而密，棱沟不明显。瓜长 40 cm，把长 6.5 cm，横径 3.4 cm，单瓜重约 300 g。皮薄，质脆嫩，品质好。中晚熟，生育期 80～90 天。较耐热，田间鉴定霜霉病、白粉病和炭疽病病情指数分别比津研 2 号降低 20.7%、57% 和 69%。苗期人工接种鉴定，抗霜霉病、白粉病，中抗炭疽病，每667 m^2 生产 3 000 kg 左右。

栽培要点　适宜山东等夏、秋季露地栽培，济南地区 6 月中下旬至 8 月均可播种，每 667 m^2 保苗 4 500 株。宜采用小高畦栽培，热雨后注意冷水灌田。

(7)豫黄瓜 1 号

是河南省郑州市蔬菜研究所选育的品种，1991 年通过河南省农作物品种审定，1992 年获河南省科技进步二等奖。

特征特性　株高 2.5 m 左右，主蔓结瓜为主。第一雌花着生在第 4 或 5 节。瓜长 40～50 cm，横径 3 cm 左右，单瓜重 290～320 g。皮色深绿，棱沟不明显，白刺、刺瘤小而稀，肉质脆甜。中早熟，瓜条发育快，比津研 4 号早熟 3 或 4 天。较抗霜霉病、炭疽病和枯萎病，耐热、耐湿，每 667 m^2 生产 4 500～5 000 kg。

栽培要点　适宜春夏秋季露地栽培，已成为河南省主栽品种。春露地栽培，3 月下旬播种育苗，苗龄 30 天，每 667 m^2 栽 4 000～4 500 株；夏季栽培 5～6 月份、秋季栽培 7～8 月份，每 667 m^2 保苗 4 000 株。

(8)豫黄瓜 3 号

原名洛育 8534，是河南省洛阳市农科所利用 91-6-3×90-5-10 组配的一代杂种。1998 年通过河南省农作物品种审定。

特征特性　植株蔓生，株高 2.2 m 左右，主侧蔓均能结瓜。第一雌花着生在主蔓第 4 节，侧蔓短，1 或 2 叶现雌花。瓜长 30～33 cm，单瓜重 134～210 g，果皮深绿色，刺瘤适中，种子腔小，质脆、微甜，商品性好。抗病性较强，适应性广，抗逆性强。晚熟，全生育期 110～120 天，每667 m^2 生产 4 000 kg 左右。

栽培要点　适宜春秋露地或秋季保护地栽培。秋保护地种植，耐弱光，稳产性强。洛阳地区 7 月底至 8 月上旬直播，株行距(23～25)cm×60 cm。

三、生物学特征

☞ 13. 黄瓜的根系有哪些特点？栽培中应该注意些什么？

黄瓜的根系由主根、侧根、须根、不定根组成。由于它原产于温暖湿润的森林地区，水分充足，土壤疏松肥沃，所以在漫长的系统发育过程中形成了根系分布较浅的特性。黄瓜的根属浅根系。通常主根向地伸长，可延伸到 1 m 深的土层中，但主要集中在 30 cm 的土层。主根上分生的侧根向四周水平伸展。

黄瓜根系分布较浅，说明好气性较强，抗旱力、吸肥力都比较弱，所以在栽培中要求定植稍浅，土壤要求肥沃疏松，并保持土壤湿润，干旱时注意灌水。黄瓜根系易老化，并且发生的早且快。所以幼苗期不易过长，10 天的苗龄，不带土也可成活。30～50 天的苗龄带土坨，纸袋不伤根，也能成活。如根系老化后或断根，很难生出新根，所以在育苗时，苗龄不宜过长。定植时，要防止根系老化和断根，保全根系。

☞ 14. 黄瓜的茎、叶有哪些特点？

黄瓜茎蔓生，苗期节间短，地上部生长量小，可以保持直立。但随着植株的生长，节间明显加长，茎部开始匍匐生长或借助卷须攀援生长，生产上需进行支架或吊蔓，以使茎蔓向空间发展。绝大多数黄瓜品种的茎为无限生长类型，具有顶端优势。茎的长度和侧枝多少取决于类型、品种和栽培条件。早熟品种或小黄瓜类型茎蔓较短而侧枝少；中晚熟或大果型品种茎蔓较长而侧枝多。土壤水分充足，植株长势强时茎蔓较长、侧枝多；而水肥条件较差，植株长势弱时，茎蔓较短、侧枝少。同一品种不同生长时期侧枝形成能力也有差异，一般植株坐瓜前，体内养分蓄积充足，易于形成侧枝，所以生产上应注意整枝打杈，而结瓜后尤其是生长的中后期侧枝难以抽生。卷须一般自茎蔓的第三叶节处开始着生，以后每叶节均可出现卷须。

黄瓜叶为单叶互生、掌状，绿色。上生绒毛，长柄大叶，掌状叶有五角。由于黄瓜叶背面的气孔多而大，更有利于病菌入侵，所以打药防治病害时，应侧重于叶背面的喷药。叶片生长的好坏，直接关系到黄瓜的产量。叶片是植物主要的同化器官，在一定范围内，叶面积增加，产量也随着增加，黄瓜果实的大小，是随叶面积的增加而增加的。黄瓜叶大而柔嫩，对温、光、水及其管理反应极为敏感，例如水分大，夜间温度高，形成的叶片大而薄，叶柄长且细，叶黄绿色，属徒长型。此时黄瓜的光合产物少，化瓜严重，大大影响黄瓜的产量。因此，生产上可以根据子叶、真叶的长相来判断其管理水平，并采取相应的管理措施。

☞ 15. 黄瓜的花有何特点？

黄瓜雌雄同株异花，为异花授粉，也可以自行开花授粉。根据植株上花的着生状况可将其分为 7 种类型：

①完全花株：植株上着生的花全部为完全花；

②雌性株：植株上着生的花全部为雌花；

③雄性株：植株上着生的花全部为雄花；

④雌雄同株：植株上同时着生雌花和雄花，为正常株型；

⑤雌全同株：植株上着生的花为雌花和完全花；

⑥雄全同株：植株上着生的花为雄花和完全花；

⑦雌雄全同株：植株上着生的花包括雌花、雄花和完全花。

通常植株基部3～7节为雄花，以后可连续或间隔形成雌花节。植株上第一雌花着生节位及雌花节比例是评价黄瓜品种的重要指标。黄瓜开花从凌晨1～2时开始到6～8时开足，开花最低温度为14～15℃。雄花寿命短，开花后次日便凋萎。雌花从开花前2天到开花次日均具有受精能力，但在开花当天上午最佳。黄瓜第一雌花着生节位越低、雌花节比例越高，对于黄瓜早熟、丰产越有利。

16. 黄瓜的果实有怎样的特征特性？其发育速度与环境有何关系？

黄瓜果实为瓠果。嫩果颜色有绿色、深绿色、绿白色、白色等，果面光滑或有棱、瘤、刺；老熟果黄白色至棕褐色，有时果面有裂纹。

黄瓜果实生长速度的快慢、产量的高低与品种、温度、光照、水分、营养状况、植株的健壮程度等因素关系很大。早熟品种长春密刺和中晚熟品种西农棒槌秋黄瓜，在同样的环境，同样的温度条件下，长春密刺黄瓜生长速度快于西农棒槌秋黄瓜。在早春大棚覆盖栽培中，结果初期的第1或2条瓜，因处于气温低，瓜蔓小，光照弱，有机物质积累少的条件下，所以果实发育慢，从雌花开放到采收，一般需15～20天。在结果盛期，由于温度适宜，光照充足，植株生长旺盛，果实发育速度快，从开花到采收仅需8天左右。在果实生长时期，假若受到不良环境的影响，或管理不当，往往会出现尖嘴(化瓜)、小头、大肚(大头)、弯曲、短形、细腰、溜肩、裂果等几种畸形果实。这些现象的出现,大多是由于环境条件或栽培管理不适宜,影响植株的正常生理代谢,使植株生长衰弱,或是由于生长后期植株吸收同化机能下降或病虫的危害,都会影响同化产物的形成和积累。在缺乏营养或营养过剩的条件下,授粉授精不良,更会加剧畸形果、僵果、化瓜现象的出现。

17. 黄瓜的种子有哪些特征?如何延长种子的使用寿命?

黄瓜种子扁平、长椭圆形、黄白色。种子平均长10 mm,宽4.25 mm,厚1.40 mm。每个果实可结籽100～300粒,千粒重20～40 g。种子无明显生理休眠期。

种子的寿命是指种子在收获后能保持发芽的期限。使用年限是指种子在生产上能保持一定发芽率而有利用价值的年限。影响种子寿命的因素有很多,主要表现在:果皮种皮的组织结构致密,坚固的种子寿命长,疏松、脆薄的种子寿命短;含蛋白质、淀粉多的种子寿命长;成熟度好、籽粒完整的寿命长,反之寿命短;空气湿度大、温度高、种子含水量高时种子寿命短,反之长。另外,种子堆内氧气状况、微生物、仓库害虫等都影响种子寿命。黄瓜种子在一般储藏条件下寿命在2～3年,发芽年限4～5年。但如果降低空气湿度,放在低温、密闭包装袋内储藏,其寿命可以成倍地增加。但生产上一般选用1～3年的种子。

18. 黄瓜生长发育对温度有何要求?

黄瓜喜温但不耐高温,适宜的生长温度为15～30℃,

白天 20～30℃，夜间 15～18℃。黄瓜光合作用适温为25～30℃。黄瓜不同生育时期对温度的要求不同。

(1)发芽期

适温为 25～30℃，低于 20℃发芽缓慢，发芽所需最低温度为 12.7℃，高于 35℃发芽率降低。

(2)幼苗期

适温白天 25～29℃，夜间 15～18℃，地温 18～20℃。苗期花芽分化与温度、光照关系不大，但光照不足及低温会延缓生育，延迟花芽分化，在低温（特别是夜温在 13～17℃）、短日照(8～10 h)有利于花芽的雌性化。

(3)抽蔓期

适温白天 25～28℃，地温 18～20℃（最低限 15℃），夜间前半夜 15℃，后半夜 12～13℃，长期夜温高于 18～20℃，地温高于 23℃，则根系生长受抑，生长不良。

(4)结果期

适温白天 23～28℃，夜间 10～15℃，温度高果实生长快，但植株易老化。黄瓜开花适温 18～21℃，花粉发芽适温 17～25℃。

另外黄瓜所处的环境不同，生育适温也不同。如光照强度在 1 万～5.5 万 lx(勒克斯)范围内，每增加 3 000 lx，生育适温就提高 1℃，在高湿度 CO_2 含量高的条件下，生育适温也会提高。所以在生产中应根据这些特点灵活掌握温度管理。例如在光照弱的冬季，应采取低温管理，增施 CO_2 应采用高温管理。

生产中还应根据黄瓜的生育期和外界环境条件实行变温管理来促进生长、抑制消耗，延长黄瓜产量高峰期和采收期，从而实现优质、高产、高效。

19. 黄瓜生长发育对光照有何要求？

黄瓜对日照长短要求因生态环境不同而有差异，大多数品种 8～11 h 的短日照能促进雌花形成。黄瓜是果菜中相对比较耐弱光的蔬菜，光饱和点 5.5 万 lx，光补偿点 1 500～2 000 lx，生育期间最适宜的光照强度为 4 万～5 万 lx，2 万 lx 以下不利于高产，茎叶弱，侧枝少，生长不良。所以在冬季日光温室栽培黄瓜，必须建造采光角度比较合理的温室，覆盖透光率比较高的无滴膜和防尘无滴膜，增加室内光照，同时还可采用张挂反光幕来增强室内光照，提高地温和气温。但是光照太强又会对黄瓜生长造成危害，因此在夏季应采用遮阳网来降低高温强光伤害。

黄瓜的生长发育与光质也有着密切的关系。600～700 nm（纳米）的红光部分，400～500 nm 蓝光部分能提高光合效果，有利于提高产量和品质。

20. 黄瓜生长发育对水分有何要求？

黄瓜根系浅，叶片大，消耗的水分多，对空气湿度、土壤水分要求都比较高。适宜的空气相对湿度为 70%～90%，适宜的土壤相对湿度为 85%～90%，黄瓜对空气湿度的适应能力比较强，夜间空气湿度达 90%～100%也能忍受，但湿度过大容易发生病害。对较低空气湿度的适应能力随土壤湿度增加而增强。生产中，空气湿度适宜，土壤水分比较充足，对生育是有利的。在土壤水分充足，降低空气湿度能减少病虫害的发生，延长生育期，获得高产。但在温度较低的季节应防止土壤湿度过大，避免低温高湿造成沤根。

黄瓜不同生长发育阶段需水量也不同，种子发芽时要求有足量的水分；幼苗时应适当控制浇水，以防沤根、徒长及引起病害发生；以后随植株生长，需水量逐渐增多，尤其是结果期，生殖生长和营养生长同步进行，因此必须满足水分供应以防出现畸形瓜或化瓜。

21. 黄瓜生长发育对气体有何要求？

黄瓜生长发育对气体的要求主要体现在对土壤氧气含量和大气中 CO_2 浓度高低两个方面。

由于黄瓜原产于森林地带的腐殖质丰富的土壤中，加之根系较浅，因而要求土壤通气性良好，土壤含氧量以10%左右为宜。生产上可以通过增施有机肥、注意土壤排水、增加中耕，防止土壤过湿和板结，以保持土壤通气性良好。

空气中二氧化碳的含量与黄瓜的光合作用密切相关，也直接影响着黄瓜的生长发育。空气中 CO_2 浓度只有330 μL/L，在设施栽培条件下，低温季节放风量小时 CO_2 浓度会更低，远远不能满足黄瓜光合作用所需。实践证明，将环境中二氧化碳浓度提高 1 倍，植株的光合能力可提高 4 倍左右。因此在一定范围内，提高 CO_2 浓度为大气中浓度的 2～3 倍，可以显著提高产量。设施栽培中每日 7～8 时连续追施 CO_2 气肥，可促进花芽分化、提早开花、增加雌花、加快成熟、提高产量、改善品质。但长期施用，植株易早衰。在生产中可通过增施有机肥、适当追施碳铵、加强通风换气来增加二氧化碳的含量，提高光合作用、增加干物质积累，达到增产增收的目的。

22. 黄瓜生长发育对土壤及养分有何要求？

黄瓜对土壤适应范围比较广，在 pH 值 5.5～7.2 范围内均能适应。但最适宜的是富含有机质的肥沃壤土，pH 值 6.5 为宜。

黄瓜喜肥，但不耐高浓度肥料，根系适宜的土壤溶液浓度为 0.03%～0.05%，土壤溶液浓度过高或有机肥不腐熟，易发生烧根现象。而黄瓜生长迅速，进入结果期早，产量高，故耗肥量较大，因此黄瓜的施肥原则是“少量多餐”。

黄瓜整个生育期间要求钾最多，依次为氮、钙、磷，施肥依据氮、磷、钾为（2～3）∶1∶4 较为合适。一般每生产 1 000 kg 果实吸收五氧化二磷 1.3 kg，氧化钾 3.47 kg，氧化镁 0.7 kg。从营养吸收量来看，在瓜类中是比较低的。但在生产中黄瓜的施肥量是比较高的，我国露地黄瓜基肥用量达 5 000 kg 以上，温室、大棚黄瓜基肥用量达 10 000 kg 以上，而且多次分期追施化肥，总施肥量超过实际需肥量数倍，这是因为黄瓜根系浅，在土壤中吸肥空间小，吸肥能力弱，因此必须保证土壤中有足够的养分，以促进黄瓜的正常生长发育。

黄瓜需肥量与生长量变化同步，幼苗期较少，甩条发棵期增加，以结果期最多。黄瓜在幼苗期和甩条发棵期吸收氮、磷、钾数量占全期的 20%左右，而在结果期占 80%以上，故应把结果期作为施肥的关键时期。

☞ 23. 什么是黄瓜的生育周期，各期有何特点？

黄瓜的生育周期是指从种子发芽至新种子形成的过程，可分为 4 个时期：发芽期、幼苗期、抽蔓期和开花结果期。

(1)发芽期

黄瓜从种子萌发到第一片真叶出现为发芽期。育苗时通常通过配制专门营养土保证育苗土壤具有良好的保水、透气性，同时通过采用电热温床、遮阳网覆盖等方式保证苗床温度在黄瓜适宜的温度范围内，促进发芽，以提高幼苗质量。这个时期消耗的主要是种子内贮藏的物质，因此播种时要选用充分成熟、子粒饱满的种子。

(2)幼苗期

黄瓜从第一片真叶出现，到4或5片真叶为幼苗期，一般需30～40天。这个时期是培育适龄壮苗的关键时期，同时又是花芽分化的重要阶段，是产量形成的基础。管理应以花芽分化、保叶、促根、培育壮苗为重点。在温度和水肥的管理上应本着“保”“控”相结合的原则。

(3)抽蔓期

从4或5片真叶展开到第一雌花开放，根瓜坐住为抽蔓期，也称甩蔓期、始花期，约20天。当根瓜的瓜把由黄绿变成深绿，俗称“黑把”时，标志抽蔓期结束。这一时期是营养生长向生殖生长过渡的时期。栽培中既要促进根系生长，又要扩大叶面积，确保花芽数量和质量，保证坐果，防止落花。在抽蔓期的后期应适当控制水肥，适当抑制秧苗的生长是管理的关键。

(4)开花结果期

从根瓜坐住到拉秧为止为结瓜期。结瓜期因栽培形式、环境条件、管理水平不同而异，夏、秋栽培黄瓜约40天，越冬栽培可长达120～150天。结瓜期黄瓜连续不断地开花结瓜，根系、主蔓及侧枝连续生长，营养生长和生殖生长同时进行，二者基本保持相对平衡。但经过人工打顶、去杈调节的结果，则以开花结果为主，而根系、主蔓及侧枝的生长受到严重抑制。结瓜期的长短直接关系到产量的高低，因此，生产上应加强温、光、水、肥、气的管理，防止病虫害发生蔓延，尽量延长结瓜期以取得高产。

24. 如何调节黄瓜营养生长与生殖生长之间的平衡？

黄瓜从播种后经过一系列的生长过程，一直到结出新的种子，经过营养生长和生殖生长两个时期。营养生长是指根、茎、叶的生长。生殖生长是指花、果的生长。前者包括发芽期和幼苗期，后者包括花芽分化期、开花期、结果期。黄瓜一个突出的特点是在开花结果期营养生长和生殖生长同步进行，调节二者的平衡是黄瓜栽培技术的关键。

黄瓜营养生长与生殖生长二者关系处理得当，对黄瓜正常生育有重要作用。生殖器官生长所需的养分是由营养器官供应的，如果营养生长不良，生殖器官也发育不好，如果营养生长过旺，养分大多消耗于营养器官的生长上，造成秧苗的徒长，对生殖器官生长也不利。生殖器官的生长，要消耗较多的碳水化合物和含氮物质，也会对营养生长和花器官的形成及幼果的生长起到抑制作用，如果植株生长健壮，抑制作用会减轻，反之加重。在生产中为调节二者的平衡，协调生长，常采用控制水分、变温管理、整枝、摘心、及时采收、喷洒矮壮素等措施。

黄瓜在养分竞争上以迅速发育的果实竞争能力最强，花次之，幼果竞争能力弱，所以植株徒长时容易落花落果。如果结瓜过多也会从根部夺取养分，而影响根的生长，从而影响茎叶的生长。

25. 影响黄瓜的产量因素有哪些？

黄瓜产量的高低取决于合理的密度、适宜的叶面积指数、科学的管理等。黄瓜每667 m^2 产量=每667 m^2 株数×单株瓜数×单瓜平均重。黄瓜栽培密度一般为每667 m^2 栽2 500～3 500株，单株瓜数和单瓜平均重和栽培的品种有关。黄瓜适宜的叶面积指数为3～4，在这个范围内，黄瓜产量随着叶面积的增加而增加。黄瓜要形成高产，还要有大量的雌花。所以要获得高产，除了内在因素外还必须创造合理的外界环境条件，如有利于雌花形成的环境条件，培育适龄的壮苗，保持营养生长与生殖生长的平衡，维持合理的叶面积指数，增加叶片数、延长功能叶的寿命，这样才能获得高产。

四、黄瓜育苗技术

☞ 26. 育苗有哪些生物学意义？

育苗的生物学意义是指由于提前生长发育后作物早期环境的改变对蔬菜所产生的内在的、本质的影响，包括以下几方面：

①使蔬菜作物提前生长发育，这种早期栽培环境的改变对蔬菜作物可产生本质的、后效的生物学影响。例如，在早春保护地条件下培育黄瓜秧苗，不仅使生长发育提前，同时也给黄瓜的早期阶段创造了促进雌花发育的低温短日照条件，对改变黄瓜特别是前期的雌雄花含量产生深刻的影响，为黄瓜的早熟丰产打基础。

②为蔬菜作物生长提高生物学有效积温。任何作物生育期的完成都需要一定的有效积温。通过育苗提高有效积温，起到提早成熟或延长生长期的作用。通过育苗增加积温，不能简单地看作是“数量”的效应，还应看到由于生育期提前而产生环境条件改变对产量形成的影响。例如，花椰菜的春季育苗栽培，不仅使花球形成提早，且避免了高温对花球形成及花球质量的不良影响。

③育苗的生物学意义还在于人工生态环境对幼苗的影响，这种影响有时表现在“量”的方面，如提高温度，加强营养，创造短日照条件等；有时主要表现在“质”的方面，如创造适宜的温度条件，防止甘蓝的“未熟抽薹”等；有时是“量”和“质”的作用兼而有之，例如，洋葱育苗栽培，既有增加积温的作用，也可由于整个物候期的改变而使长日照刺激下

的鳞茎膨大期处于营养生长较佳时期，有利于产量的提高。

④育苗的生物学作用还表现在育苗地理条件的改变而产生的影响。例如，利用夏季冷凉的高山地区培育蔬菜秧苗，秧苗病害轻，质量好；利用温泉水加温育苗可以有效地保证冬季育苗所需的温度，且降低育苗的成本。因此，在建立大型蔬菜商品苗育苗场时，应该重视地理条件的选择。

27. 黄瓜育苗对高产优质有何意义?

育苗的实质是提前生长发育，是蔬菜栽培上的一个重要环节。通过育苗可以为蔬菜生长增加积温；缩短在本田中的生育期，提高土地利用率；便于茬口安排；减少种子用量降低成本；可以提早成熟，延长采收，增加产量，提高品质和抗性，最终达到增加效益的目的。对气候条件不适宜蔬菜生长的冬春季，育苗对于蔬菜生产尤显重要。例如在早春保护地条件下培育黄瓜秧苗，不仅使生长发育提前，同时也给黄瓜早期阶段创造了促进雌花发育的低温短日照条件，一方面可以降低第一雌花节位，另一方面也提高了黄瓜前期的雌雄花比例，有利于早期获得高产高效益。

28. 何谓适龄壮苗?

育苗总体要求是培育适龄壮苗，黄瓜适龄壮苗的指标是苗龄在35～40天，子叶肥厚、平展，且定植前子叶未脱落。叶片展开4或5片，叶片大而厚，叶色浓绿，叶片呈45°"之"字形生长。第一雌花着生节位在第3或4节，雌花初现但未开放，节间短，下胚轴小于3 cm，株高12～15 cm，茎粗1 cm以上，生长点伸展，根系发达，抗逆性强，植株无病虫为害。

29. 如何确定黄瓜的育苗时间?

黄瓜育苗期的长短依栽培设施、育苗条件、育苗地域及品种不同而有较大的差异。北方日光温室和塑料大棚黄瓜早春栽培用苗一般传统方法需要 45～55 天(4～6 片真叶),露地黄瓜 30～35 天成苗(3 或 4 片真叶),南方阴雨天较多,露地黄瓜 40～45 天成苗。应用新的育苗方法(如穴盘育苗),因营养面积缩小,苗期相应缩短 7～10 天。另外一些杂种一代和常规品种相比,育苗期要短些。适宜的播种期是由人为确定的定植期减去秧苗的苗龄,向前推算出的日期。

30. 如何确定黄瓜的播种量?

黄瓜的播种量可用如下公式:

播种量(g)=(种植苗数×栽培面积)/(每克种子粒数×出苗率×安全系数)。

注:安全系数值为 1.2～3.0。采用电热温床育苗安全系数小,为 1.2～1.3。

黄瓜种子千粒重 23 g,每克种子有 43.47 粒。一般单位面积需种量为 2～3 kg/m^2。

31. 如何配制苗床土?

黄瓜育苗用的床土,应按黄瓜生育特性,选用优质床土。优质床土必须具备营养成分全,透气性能好,保水能力强的特点。

(1)床土要求的条件

没有病原物和害虫;富含有机质和持续有效的营养元

素；酸碱度接近中性；结构良好，疏松适度，干燥时不板结，湿润时不泥泞。

(2)床土的选择

床土最好取于前茬为豆类、葱蒜类的地块上，床土以沙壤土为宜，并以13～17 cm以内的表层土质量最好。目前床土的选择有向有机方向发展的趋势，因为有机质含量越高，培育出的苗的标准就越高。有机质床土中草炭是最具前途的原料。草炭质地疏松，总孔隙度达90%，质量轻(比普通土低1倍左右)，容易搬运。草炭中含有的腐殖酸对养分的转化，对植株的呼吸和酶活性有良好的影响，而且草炭中不含有病菌和杂草的种子，苗期不易得病和长杂草。所以草炭在蔬菜育苗上越来越受青睐。

(3)肥料的选择

除田园土外还需添加苗期生长所需的速效肥和迟效肥。迟效肥有腐熟的厩肥、堆肥、塘泥、腐殖质等，保证床土中富含有机质，土肥之比约为1∶1。速效肥可用氮、磷、钾各15%的优质复合肥，每立方米加施2 kg，拌匀后堆积待用。

☞ 32. 苗床土如何消毒？

床土消毒常用方法有福尔马林加水配成100倍液喷洒苗床，1 kg福尔马林可处理4 000～5 000 kg床土，喷后将床土拌匀，用薄膜闷5～7天，揭膜后7～14天即可使用，或用50%的多菌灵粉剂按40 g/m^{3}用量拌土，用薄膜闷2～3天，揭膜后待药味散去即可使用。有条件的还可以利用蒸汽进行床土消毒，把土温提高到90～100℃，处理30 min，降温后使用，对猝倒病、立枯病、菌核病、病毒病都有良好的预防效果。

☞ 33. 如何进行黄瓜种子筛选？

黄瓜种子的好坏直接关系到苗期的生长、产量的高低及品质的好坏，进而影响到经济效益的好坏，因而关系重大，一定要保证种子的纯正和种子质量。对黄瓜种子的筛选要做的以下几点：

(1)保证品种选择正确，如适合露地栽培、温室栽培、塑料大棚栽培、地膜覆盖栽培等，适合早熟栽培、中熟栽培、晚熟栽培，及适合不同地区栽培等。如果引种本地区没有种过的品种，一定要小面积试种，表现好后再大面积种植。同时还要注意消费地区对品种的要求。

(2)在购买种子或播种前最好测试一下种子的发芽势和发芽率。黄瓜发芽势是催芽3天内种子的发芽百分数，发芽势强的种子出苗迅速、整齐。发芽率是一定量的种子中发芽种子的百分率，黄瓜一般指催芽7天内种子的发芽百分率，发芽率在90%以上的种子才能符合播种要求。

(3)播种前还要进行种子的精选和清选，即将种子进行精选，淘汰病、杂、弱、瘪、碎种子，然后将挑选出的良种用20～30℃的温水淘洗，洗去种子表面黏液，然后待播。

☞ 34. 黄瓜种子怎样消毒？

黄瓜种子表面甚至内部常常附有炭疽病、细菌性角斑病、枯萎病等多种病原菌，如果播种带有病菌的种子，很有可能把病菌传染给幼苗或成株，使之发病，所以播种前种子消毒是十分必要的。黄瓜种子消毒包括物理消毒和药液消毒。物理消毒最简单的方法是温汤浸种法，具体的方法是用凉水把种子浸湿，再用50～55℃的热水烫种，热水量是种子量的4～5倍，不停的搅拌种子（最好朝一个方向搅拌），在浸种容器内放置一个温度计随时观察水温，当水温下降时再加入热水，使水温始终保持在50～55℃，保持10～15 min后把种子从水中捞出，放入冷水中，消除种子的余热。药剂消毒包括药剂拌种和药剂浸种。药剂拌种用药量为种子重量的0.2%～0.3%，要求药剂和种子均是干燥的。药剂浸种中对药液的浓度和时间均有严格要求，消毒后必须冲洗干净才可浸种催芽。黄瓜种子的药剂浸种消毒方法很多，如可用0.1%高锰酸钾浸种30 min之后，用清水淘洗干净再浸种，还可以用50%的多菌灵可湿性粉剂500倍溶液浸泡种子30 min。

35. 黄瓜怎样进行浸种催芽?

浸种前可采用温汤浸种或热水烫种方法对种子先进行表面消毒处理，并可起到软化种皮，提高种皮透气性的效果。浸种多采用25℃左右的温水浸泡。浸种时间一般需6 h左右，使之在短时间内吸足种子发芽所需的水分。将浸种以后的种子放在25～30℃的环境中，在保温透气的条件下催芽。浸种时间要合适，浸种时间过短，难以保证种子吸胀对水分的要求，浸种时间过长又容易导致种子因抑制其呼吸作用而降低种子发芽率。有试验表明，采用3%硝酸钾溶液或1∶1的3%硝酸钾和3%磷酸二氢钾混合液在10℃黑暗条件下浸种3或4天，能明显提高种子在低温（9～13℃）条件下的出苗率。采用250 g/L的聚乙二醇溶液处理12 h，75℃下干热处理24 h或15℃下预吸胀处理12 h等均可提高种子活力。

种子催芽适宜温度为25～28℃，一般经24 h即可达到播种要求。催芽温度过高，易于导致胚根细、弱；温度过低则出芽慢、发芽率低。催芽期间也可进行胚芽锻炼，方法是将刚破嘴的种子连同包布置于－2～－1℃低温下 12 h，目的在于控制幼芽伸长，减少养分消耗，同时促使其原生质胶体性质发生变化，然后于 18～22℃下催芽，目的在于促进养分分解和保持种子活力。如此反复 2 或 3 天，可显著提高种子耐寒能力，增强幼苗对低温的适应性。生产上一旦浸种后遇天气状况不适宜播种时，也可以采用胚芽锻炼方法控制种子出芽时间。

☞ 36. 黄瓜种子怎样进行直播？

播种前苗床或营养土应提前浇足底水，待水分渗下后，按 8～10 cm 见方在苗床预先划出方格，然后于每方格的中央播一粒种子。采用容器育苗时，每营养钵点播一粒种子。点籽后还需用过筛细土进行覆盖。覆土厚度一般应在 1～2 cm，过厚不利于种芽拱土，过薄则易于导致“带帽”出土。为利于苗床或营养钵增温、通气和种芽拱土，覆土时最好形成以种子为中心，直径 5 cm 左右的小土堆，然后再于整个畦面均匀铺撒厚 5～7 mm 的过筛细土，利于畦面保墒和防止出现裂缝。冬季育苗需要注意保持适当的地温，一般可用塑料薄膜将整个阳畦封严、密闭，并于夜间加盖草苫。

☞ 37. 日光温室冬春茬黄瓜为什么要进行嫁接育苗？

黄瓜是我国各地日光温室生产的主要蔬菜作物，但由于资源、经济、技术等方面的限制，使得黄瓜日光温室越冬生产轮作倒茬困难，连作现象普遍，导致土传性病害枯萎病等严重发生。与此同时，冬季气温低、光照弱，常导致日光温室内环境条件不利于根系生理活动,吸收水肥能力下降,再加上越冬栽培生长期长,容易引起根系早衰,如何“管好根”便成为黄瓜越冬栽培的难点。通过选择具有与黄瓜接穗亲和性好、根系发达、抗病性及抗逆性强等特点的材料作砧木,与黄瓜进行嫁接换根,则可以有效地克服黄瓜连作障碍,提高其对土传性病害,如枯萎病、疫病等的抗病能力(表2),并同时可以提高根系对土壤低温逆境的适应性及其水肥吸收能力,从而延长生育期,改善品质,提早成熟,有利于实现丰产的目的。

表2 苗期人工浸根接种对黄瓜嫁接苗与自根苗抗病性影响
(翁祖信等,1989) %

处理	枯萎病			疫病		
	发病率	病情指数	相对防治效果	发病率	病情指数	相对防治效果
津研2号/黑籽南瓜	0	0	100	12.5	5.0	93.6
津研2号(自根苗)	70.4	51.4		97.5	78.0	

38. 如何确定接穗和砧木的播期?

采用不同的嫁接方法,砧木和接穗的播种时间是不同的。采用顶芽插接法砧木比接穗播种早3～5天。最适嫁接苗龄是砧木第1片真叶有手指甲大,黄瓜2片子叶刚刚展开。采用靠接法砧木比接穗迟播3或4天,最适嫁接苗龄是砧木2片子叶展平,真叶黄豆粒大小,接穗黄瓜子叶已经展平,真叶刚刚出现比较合适。

39. 怎样进行黄瓜的靠接?

采用靠接的接穗和砧木在苗床时要适当多浇水并提高夜温,促使下胚轴迅速伸长。当下胚轴伸长到 7～8 cm 时,如茎较细,再降夜温,使茎放粗,目的是使接口远离地面,防止接口接触土壤而感染枯萎病菌及黄瓜断根后再生新根。

嫁接时苗态　砧木两片子叶展平,真叶黄豆粒大小,黄瓜苗刚见真叶时开始嫁接。将黄瓜苗与南瓜苗从苗床中取出,去掉南瓜真叶及生长点,用刀片在子叶下 1 cm 处,按 35°～40°向下斜切一刀,深度为茎粗 1/2,然后在黄瓜子叶下 1.5～2.0 cm 向上斜切一刀,为 30°左右,深度为茎粗 3/5,把 2 个切口互相嵌入,用嫁接夹固定。此种方法简单易学,成活率高,是生产上常用嫁接方法。

40. 怎样进行黄瓜顶芽插接育苗?

顶芽插接法操作简便,成活后不需要再次断根,但嫁接后对温湿度管理要求严格。南瓜嫁接时苗态与靠接相同,黄瓜子叶展平即可。嫁接方法是先将砧木真叶挖掉,然后用下胚轴粗细相同的竹签,从一个子叶的主脉向另一侧子叶方向向下斜插 0.5 cm 左右,竹签尖端不插破砧木下胚轴表皮,放好,取黄瓜苗,在子叶下 0.5～0.8 cm 处斜切一刀,切面 0.3～0.5 cm,拨出竹签,插入接穗。

41. 如何进行黄瓜嫁接后的苗期管理?

嫁接后的黄瓜苗应立即移入苗床里或育苗钵中,一般都采取边嫁接边移栽边浇水的方法,不论哪种嫁接方法,都要扣小拱棚，保持适宜的温湿度。嫁接苗成活率的高低关键在于温湿度管理和嫁接技术。如果温湿度合适，嫁接技术熟练，切口平整，没有污染，经24～30 h便能形成愈伤组织，再经2～3天，愈合的砧木与接穗之间便进行水分、养分的交流，接穗和砧木真正开始共同生活一般需要10天。嫁接后的管理主要有：

(1)温度管理

黄瓜苗嫁接后至伤口愈合前，苗床温度管理应以保温为主，尤其在嫁接后的3～4天内，为嫁接苗伤口愈伤组织形成期，适当提高苗床温度有利于伤口愈合。嫁接伤口愈合后，转入正常温度管理阶段，至定植前5～7天，应适当降低温度进行幼苗锻炼，防止徒长。具体温度管理指标见表3所示。

表3 黄瓜苗嫁接后不同时期温度管理指标

嫁接后生长阶段		伤口愈合前	伤口愈合后	定植前5～7天
温度指标	白天	25～35	22～28	20～22
(℃)	夜间	18～22	14～18	10～12
管理目标		促进伤口愈合	培养健壮幼苗	提高抗逆性

(2)光照管理

嫁接初期(嫁接后3～5天内)，苗床应密闭遮阳，以减少接穗水分蒸腾，防止萎蔫。嫁接后5～8天，苗床应逐步见光和增加光照，以提高幼苗适应性和增加光合产物。采用插接法嫁接时，嫁接后10～12天，当幼苗生长点有1或2片新叶长出时，表明伤口已完全愈合后，即可转入正常光照管理，尽量增强光照和延长光照时间。而采用靠接法嫁接时，必须要等到接穗胚轴切断后2～3天才可完全撤除遮阳而转入正常光照管理。

(3)保湿

嫁接苗成活前，尤其是嫁接初期，苗床应浇足底水，注意保湿。同时还应注意空气相对湿度保持在90%以上，必要时可向苗床空间进行喷雾，以防止幼苗萎蔫。采用营养钵培育嫁接苗时，除营养钵内需经常浇水外，还需要将苗床土壤充分浇水，尽量增加苗床内空气湿度。嫁接苗成活后，苗床则应及时通风，降温、降湿，转入正常管理。

(4)切断接穗胚根，剔除砧木侧芽

采用靠接法嫁接后8～10天，当幼苗有1或2片真叶长出时，应将接穗胚根及时切断。无论采用哪种嫁接方法，尽管在嫁接时已经将砧木生长点剔除，但随着嫁接苗的生长，砧木还会再长出侧芽，如放任其生长则会消耗大量养分而影响接穗，因此嫁接后一旦砧木有新的侧芽长出，应及时剔除。

(5)喷洒乙烯利促进雌花形成

日光温室越冬茬黄瓜播种育苗时环境条件不利于雌花的分化，为提高植株雌花形成比例，降低第一雌花节位，可以分别在嫁接苗2片真叶展开后至定植缓苗前使用0.2 mL/L的乙烯利溶液连续喷洒2或3次，每次间隔7～10天。

冬春茬黄瓜苗龄不宜太大，一般以3或4片叶，13～14 cm高，苗龄30～40天为宜。

☞ 42. 冬春茬黄瓜为什么要进行嫁接秧苗的锻炼?

日光温室冬春茬黄瓜栽培，育苗期处在初冬，温光条件容易满足。但定植后将有较长一段时间处在低温、弱光，有时还会出现长时间的雨雪天气和寒流袭击，因此必须培育出抗逆性强的幼苗才能适应这种环境条件，培育壮苗的关键是进行大温差管理。加大昼夜温差，白天温度保持在30～35℃，最高不超过38℃，夜间温度保持在8～10℃，早晨最低可达5℃，阴雨天白天15～20℃，夜间不低于5℃，使昼夜温差达到20～25℃。经过大温差育苗，幼苗的根系发达，吸收能力强，叶面积增大，干物质含量加大，同化作用增强，节间短，雌花出现节位低，结瓜早，适应性强。

43. 冬春季黄瓜育苗有哪些常见的生理障碍，如何防治？

(1)徒长

徒长是蔬菜育苗期常见的一种生理障碍，可通过对光、温、湿、肥适当管理加以预防。当秧苗生长拥挤时，及时间苗、分苗。后期囤苗时，可扩大行距，防止过分遮阳。尽量增加光照，即使在阴冷天气，也要适当掀开覆盖物，使秧苗见光。对苗床温度，要按照秧苗各个阶段生长发育的需要严格控制。在发生徒长初期可通过控制浇水，喷施磷、钾肥或利用植物生长调节剂抑制生长。

(2)僵苗

秧苗的生长发育受到抑制时，易形成僵苗。秧苗僵化的原因，主要是苗龄过长，苗床长期低温、干旱。

[防止措施]

改控苗为促苗，给秧苗以适宜的温度和水分条件，促进秧苗迅速生长。采用冷床育苗时，尽量提高苗床气温和地温，适当地浇水、炼苗。对僵化秧苗，除了采取提高床温、适当浇水等措施外，每平方米床面喷洒$(10\sim30)\times10^{-6}$赤霉素溶液100 g，具有显著刺激秧苗生长的作用。

(3)闪苗

秧苗长期处于阴雨寡照的天气中突遇阳光强烈的天气

容易出现光害，造成萎蔫而闪苗，另外过量施用氮肥也易造成氨气中毒而闪苗。预防措施有：尽量多见光，久阴突遇强光时注意遮阳，适时补水。

(4)烤苗

苗床温度过高、光照过强或叶片与透明覆盖物接触使得叶片急度失水所致。表现为叶缘变白、干枯，有时出现坏死斑点，所以当温度过高时及时放风降温，避免叶片与覆盖物接触。

(5)风干

当秧苗一直生长在空气湿度较大的环境中，突然遭受大风吹袭就很容易发生萎蔫，如果萎蔫时间过长，叶片不能复原，最后呈绿色干死，这种现象称为“风干”。其防治措施是：苗床通风由小到大，使秧苗有一个适应过程。有大风的天气，把覆盖物压好，防止被风吹跑。

(6)寒根

土壤温度过低所致，若土壤温度低于10℃就有可能发生寒根现象。表现为根系停止生长，颜色变褐，叶片变黄易萎蔫。解决办法是提高地温促新根发生。

(7)沤根

土壤温度低(低于10℃)、湿度大综合所致。表现为根系变黄，继而发生腐烂，叶色浓绿，叶片不展，部分叶片边缘或全部枯黄。遇到这种情况应进行中耕降湿，提高地温。

(8)烧根

土壤水分太少、土壤溶液浓度过高或肥料不腐熟或不细碎导致根系水分外渗所致。表现为根系和叶片变黄，叶片、叶脉皱缩，秧苗不长。

(9)冻害

冻害往往是育苗失败的主要原因。即使是在秧苗只受到轻微冻害时，虽然外部形态变化不大，但生理机能已明显下降，不仅严重影响秧苗生长，也影响花芽分化和发育，易造成花果脱落或畸形。

［防止措施］

①改进育苗手段，采用人工控温育苗，如电热温床育苗、工厂化育苗等。②保暖防冻，在早春育苗期间，注意天气变化，及时采取防寒保暖措施。③增强秧苗抗寒力，适当增加光照，促进光合作用和养分积累，是提高秧苗抗寒力的重要措施。另外，适当控制浇水，合理增施磷、钾肥等，也能提高秧苗抗寒力。

44. 黄瓜苗期有哪些病害？如何防治？

(1)猝倒病

症状　苗期露出土表的胚茎基部或中部呈水浸状，后变成黄褐色干枯缩为线状，子叶常尚未凋萎幼苗即突然猝倒，致幼苗贴伏地面，有时瓜苗出土胚轴和子叶已普遍腐烂，变褐枯死。湿度大时，病株附近长出白色棉絮状菌丝。该菌侵染果实引致绵腐病。初现水渍状斑点后迅速扩大呈黄褐色水渍状病斑，与健壮部分分界明显，最后整个果实腐烂，且在病瓜外面长出一层白色茂密棉絮状菌丝。果实发病多始于脐部，也有的从伤口侵入在其附近开始腐烂。

发病条件　病菌以卵孢子在 12～18 cm 表土层越冬，并在土中长期存活。翌春遇有适宜条件萌发产生孢子囊，以游动孢子或直接长出芽管侵入寄主。田间再侵染主要靠病苗上产出孢子囊及游动孢子，借灌溉水或雨水溅附到贴近地面的根茎或果实上引致更严重的损失。病菌侵入后在皮层薄壁细胞中扩展，菌丝蔓延于细胞间或细胞内，后在病组织内形成卵孢子越冬。

病菌生长适宜地温 15～16℃，高于 30℃受到抑制。低温对寄主生长不利，但病菌尚能活动，尤其是育苗期出现低温、高湿条件，利于发病。当幼苗子叶养分基本用完，真叶未抽出，碳水化合物不能迅速增加，抗病力弱，新根尚未扎实之前最易感病。遇雨、雪、连阴天或寒流侵袭，地温低，光合作用弱，瓜苗呼吸作用增强，消耗加大，致幼茎细胞伸长，细胞壁变薄病菌乘机侵入。该病主要在幼苗长出 1 或 2 片真叶期发生，3 片真叶后发病较少。结果期阴雨连绵，果实易染病。

［防治方法］

①床上消毒，床土应选用无病新土，如用旧园土，应进行苗床土壤消毒。施用 50％拌种双粉剂 7 g/m^2 苗床，或 40％五氯硝基苯粉剂 9 g，或 32％苗菌敌可湿性粉剂 10 g，或 25％甲霜灵可湿性粉剂 9 g 加入 70％代森锰锌可湿性粉剂 1 g，对细土 4～5 kg 拌匀，施药前先把苗床底水浇透，一般 17～20 cm 深，水渗下后，取 1/3 充分拌匀的药土撒在畦面上，播种后再把其余 2/3 药土覆盖在种子上面，即上覆下垫。如覆土厚度不够可补撒堰土使其达到适宜厚度，这样种子夹在药土中间，防效明显，残效有余。

②加强苗床管理，选择地势高，地下水位低，排水良好的地作苗床，播前一次灌足底水，出苗后尽量不浇水。育苗畦（床）及时放风、除湿，即使阴天也要适时适量放风排湿，严防瓜苗徒长染病。

③果实发病重的地区，要采用高畦，防止雨后积水，黄瓜定植后，前期宜少浇水，多中耕，注意及时插架，以减轻发病。

④发病初期喷淋 72.2％普力克水剂 450 倍液，喷淋对好的药液 2～3 L/m^2，或 15％恶霉灵（土菌消）水剂 450 倍

液，或 12%绿乳铜乳油 600 倍液 3 L/m^2。

(2)立枯病

症状　多在床温较高或育苗后期发生，主要为害幼苗茎基部或地下根部，初在茎部出现椭圆形或不整形暗褐色病斑，逐渐向里凹陷，边缘较明显，扩展后绕茎一周，致茎部萎缩干枯，后瓜苗死亡，但不折倒。根部染病多在近地表根茎处，皮层变褐色或腐烂。在苗床内，开始时仅个别瓜苗白天萎蔫，夜间恢复，经数日反复后，病株萎蔫枯死。早期与猝倒病不易区别，但病情扩展后，病株不猝倒，病部具轮纹或不十分明显的淡褐色蛛丝状霉，即病菌的菌丝体或菌核，且病程进展慢，区别于猝倒病。

传播途径和发病条件　以菌丝体或菌核在土中越冬，一般在土中可存活 2～3 年。菌丝能直接侵入寄主，通过水流、农具传播。病菌发育适宜温度为 24℃，最高为 40～42℃，最低 13～15℃，适宜的 pH 值为 3.0～9.5。播种过密，间苗不及时，温度过高易发病。

[防治方法]

可在发病初期喷淋 15%恶霉灵水剂 450 倍液或 20%甲基立枯磷乳油 1 200 倍液、72.2%普力克水剂 400 倍液，2～3 L/m^2。

☞ 45. 冬春季育苗用电热温床有何优点?

采用电热温床育苗的优点很多，它能有效地提高地温和近地表气温，解决冬春育苗地温偏低的矛盾。采用电热温床育苗使播种到出苗时间大大缩短，出苗率显著提高，秧苗质量好、成本低，仅是其他加温设备的十几分之一至几十分之一。同时，设备体积小，不占温室空间，易于拆除，能自动控制地温，是冬春季节快速培育园艺植物育苗的重要设备。

46. 电热温床由哪几部分组成？如何设置？

电热温床主要是由电加温线、控温仪、开关、导线等组成。应用功率大时，可外加交流接触器，单独计量电量时需安装电度表。电热温床工作原理如图1所示。

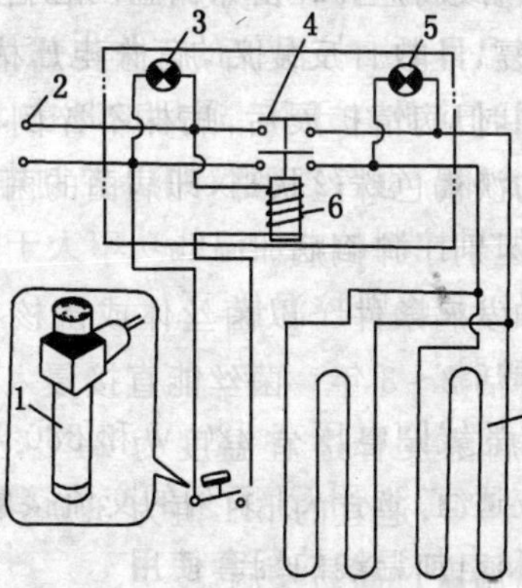

1. 温度调节器　2. 接电源柱　3. 电源指示灯　4. 继电器开关
5. 温床指示灯　6. 磁力线圈　7. 电加温线

图1　电热温床工作原理

(1)电加温线

电加温线是将电能转为热能的主要器件。应用中可根据需要选用不同规格的土壤电加温线和空气电加温线。

土壤加温线是采用耐水、耐酸、耐碱、耐盐的绝缘材料做外皮，外皮厚度比普通导线厚2～3倍，内芯用多股的合金材料制成。空气加温线的绝缘外皮比较耐高温。

(2)控温仪

控温仪是电热温床用以自动控制温度的仪器。它能自动控制电源的通断，以达到控制温度的作用，使用控温仪可以节电约1/3，使温度不超过作物的适温范围，并能使其满足各种作物对不同地温的要求。当温度传感器内的热敏电阻感受的实际温度高于或等于设定温度值时，控温仪的交流电桥便输出正信号或零信号使继电器的触头断开，切断电源。当温度传感器内的热敏电阻感受的实际温度低于设定温度值时，控温仪的交流电桥便输出副信号，经放大驱动继电器的触头吸合接通电源，使电加温线通电加温，重复上述过程可达到控温目的。控温仪的工作电压为220 V。

控温仪使用时应放在干燥、通风的地方，不要反复旋钮，以免电位器破坏。每台控温仪用以控制电源的继电器负载是额定的，如果控制的电加温线功率大于额定负载，应外加交流接触器以免烧毁控温仪。

(3)交流接触器

交流接触器的线圈电压有220 V和380 V两种，一般使用220 V的较适宜，选用CJ系列的交流接触器较好。

(4)控温仪和电加温线的配套使用

控温仪和电加温线一起使用组成了电热温床的加温系列和控温系列。如果使用的电加温线总功率小，则应采用单项供电；如果使用的电加温线总功率大，应当采用三相四线制供电。

单相供电适用于一般小规模育苗，一两根电加温线足够用。电加温线和控温仪接法如图2所示。控温仪的型号不同，接法也不同，使用时按说明书接线。

如果所使电加温线的根数较多，要用三相四线制供电，如图3所示。接线时把电加温线分成三组，每组的功率尽可能一样，如果所用的电加温线都是同一功率的，每组电加温线的根数之差应不大于1。同一组线并连成两个总的线端一头一尾。然后把3组线的尾连在一起接电源零线。另外，3 个头分别接交流接触器的 3 个下触点，接触器的触点用导线连在三相闸刀开关上。

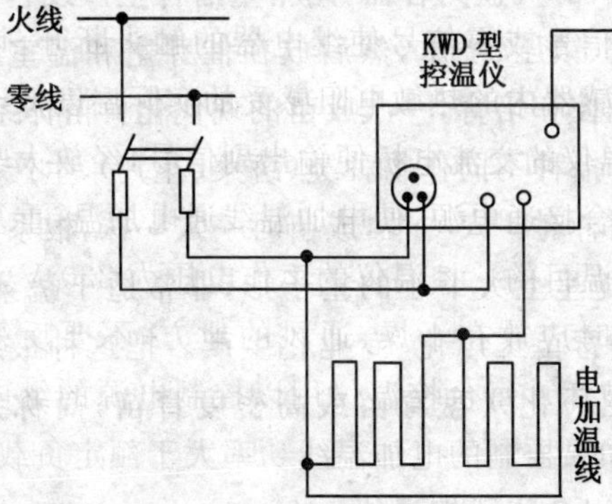

图 2　电热温床单相电接法

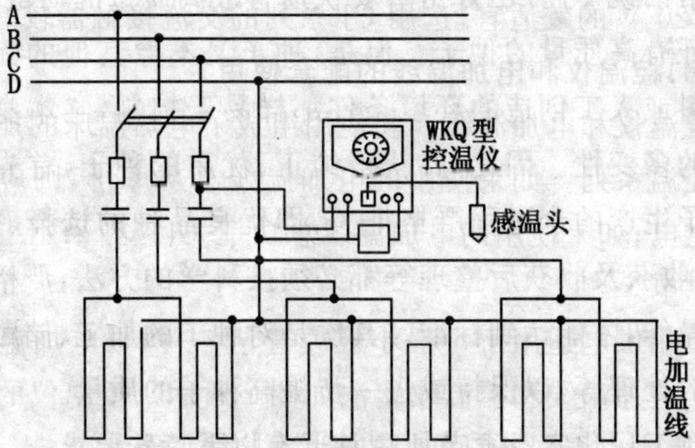

图 3　电热温床三相电接法

47. 什么是穴盘育苗？

穴盘育苗是现代园艺生产的代表性技术，是 20 世纪

70 年代中期在欧美国家率先发展起来的一种适合工厂化种苗生产的育苗方式。穴盘育苗是一种以草炭、蛭石等为基质,以不同孔穴的穴盘为容器,用精量播种生产线自动装基质、播种、覆盖、镇压、浇水,然后放在催芽室和温室等设施内进行环境调控和培育,一次成苗的现代化育苗体系。

其特点是可播种不同作物种类(蔬菜、花卉),生产不同需求的种苗。播种时一穴一粒,成苗时一穴一株,根系与基质紧密缠绕,根坨呈上大下小的塞子形,非常适于蔬菜、花卉和经济作物的育苗工厂化、专业化生产。把这种最新的育苗技术称为工厂化穴盘育苗或高密度育苗,简称穴盘育苗。

48. 穴盘育苗对种子有哪些特殊要求?

俗话说"好种出好苗",要快速育成高质量的幼苗,就必须保证有高质量的种子。但是,种子又不像其他的无机生产资料或人工创造的环境条件那样易于控制,它本身具有生物的多变性。因此,要获得纯正、优质的种子,首先必须从种子生产的全过程严格把关,即优良品种的选择、播种、栽培、收获及收获后整理等都必须按科学的方法,严格的规程来操作,才能达到标准。其次是对种子的加工、储藏及播种前的处理等,以保持或进一步提高种子的质量。

对工厂化穴盘育苗所用种子有以下特殊要求。

①种子的外形要适于机械化播种。

②适宜条件下发芽率高且具有较强的发芽势。

③幼苗整齐,生长健壮。

④种子本身无病虫害。

☞ 49. 穴盘育苗基质如何选择？

穴盘育苗基质在功能上应与土壤相似。在选配育苗基质时可以从三个方面考虑：一是植物根系适应性，二是基质的适用性，三是基质的经济性。

(1)根系的适应性

基质可以创造植物根系生长所需要的最佳环境条件，即最佳的水份含量。作物的根系需要很好的通气性，同时需要保持根系周围的湿度达80%以上，在空气湿度较高地区，一些透气性良好的基质如松针、锯末非常合适。而在大气干燥的北方地区，这种基质的透气性过大，根系容易风干。北方水质碱性，要求基质具有一定的氢离子浓度调节能力，泥炭(草炭)是偏酸性基质，因此，北方地区选用泥炭混合基质的效果较好。

(2)基质的适用性

指选择的基质是否适合育苗所用。一般来说，适合育苗基质的容重在0.2～0.8 g/cm^3，总孔隙度在70%左右，大小孔隙比为1∶(1～4)，化学稳定性强，pH值为5.5～6.5，没有有毒物质存在。当有些基质的某些性状有碍作物育苗时，如果采取经济有效的措施能够消除或者改良该性状，则这些基质也是适用的。例如，新鲜的甘蔗渣的碳氮比很高，在使用过程中会发生微生物对氮的强烈吸收而妨碍幼苗生长，但经过堆沤就可使其碳氮比降低而成为很好的基质。此外，决定基质是否适用还应该有针对性的进行栽培试验，这样可提高选择基质的准确性。

(3)基质的经济性

除了考虑基质的适用性以外，选用基质时还要考虑其经济性。有些基质虽对蔬菜育苗有很好的作用,但来源不易或价格太高,因而不宜使用。现已证明,泥炭、椰糠是较好的基质,泥炭在我国南方的贮量较北方少,而且价格也比较高,但南方作物的茎秆、稻壳、椰糠等植物性材料很丰富,用这些材料作基质,则来源广泛,价格便宜。因此选用基质既要考虑对育苗有良好效果,又要考虑基质来源容易,价格低廉,经济效益高,不污染环境,使用方便,可利用时间长以及外观洁美等因素。

50. 黄瓜直播苗穴盘育苗有哪些技术要点?

黄瓜是瓜类中最容易徒长的品种,穴盘育苗难度最大,尤其是在江南多雨季节。因此,黄瓜苗高度控制成为黄瓜穴盘育苗的关键,贯穿于整个育苗的全部过程。

(1)穴盘的选择

一般选择50孔穴盘和72孔穴盘。如重复使用的穴盘,在使用前应进行消毒处理,采用2%的漂白粉充分浸泡30 min,用清水漂洗干净备用。

(2)基质的选配

可选用东北的华美草炭、熊猫草炭,按照草炭、蛭石、珍珠岩=3∶1∶1的含量进行配制,简易育苗也可加入30%左右的蘑菇栽培废料、粉碎的玉米芯、锯末屑等代替草炭。每立方米基质加入5 g绿亨2号或100 g多菌灵消毒,以防止苗期病害,同时混入1 kg氮磷钾含量为20-10-20的育苗专用肥或1.5 kg的15-15-15多元复合肥,调节基质的EC至0.75～1.0 mS/cm,pH值调节到5.8～6.0。配制好的基质装入穴盘中备用。

(3)播种催芽

如果采用高质量种子(发芽率可达98%以上)或包衣

种子,可以不进行种子消毒,直接播种。一般的国产种子最好采用温烫浸种,催芽后播种,方法是将种子放入55℃的热水中,不断搅拌,直至水温冷却至室温(25℃左右),然后反复搓洗种子,放入方盘中,用拧干水分的湿毛巾盖好,28℃催芽,种子露白时及时播种。播种深度1.3 cm左右,穴盘的每孔播种1粒种子,播后用蛭石覆盖,置于28℃环境中催芽,子叶开始拱土时,及时从催芽室中推出见光。见光时间的早晚直接影响种苗的质量。

(4)黄瓜子苗期的管理(子叶拱土到真叶吐心)

这一时期是种苗最容易发生徒长的时期。管理要点是适当控制水分,浇水的原则是早浇晚不浇,浇水量掌握在早湿晚干,以防止夜间徒长。充分见光,在8万lx之内,尽量使其得到最大的光照强度,如遇连阴雨天气,光照不足时,应尽量减少浇水次数,以控制其生长。温度管理上要降低夜间温度,尽量使夜温维持在12℃左右。阴天时也应适当采用低夜温管理,这一时期因生长量较小,依靠基质提供养分可以满足需要,因此不必施肥。

(5)成苗期的管理(真叶吐心到成苗)

黄瓜与其他瓜类作物在苗期的生长特点不同,黄瓜的真叶开始生长后,其下胚轴还会继续伸长,如果环境控制不好,仍然会出现徒长。因此,在温度管理上,晴好天气的白天,温度控制在25～28℃,夜间只要不低于12℃,尽量加大昼夜温差。基质水分以间干间湿为原则,浇水宜在清晨进行。冬天时要注意浇水温度,不宜直接使用冷水浇苗。这一期间的施肥可轮流施用氮磷钾15-0-15和20-10-20育苗专用肥料,每次肥用浓度为0.1%～0.15%。每7天左右施用1次。苗期注意预防猝倒病和立枯病。在黄瓜真叶刚刚开始展开时,应尽快进行分苗和拼盘。将空的穴盘格子补齐，同时检查每穴中的苗数，多于1株的应进行分苗。

(6)出圃前的管理(成苗到定植)

此阶段在温度控制上应适当降低温度，控制浇水，保持基质在半干燥状态，停止浇肥，以利于定植成活和缓苗。出圃前施用广谱性杀菌剂1次，预防定植期间的病害。

(7)病虫害防治

黄瓜苗期虫害主要有蚜虫、蓟马、潜叶蝇、菜青虫等，可选用1%海正灭虫灵3 000倍、90%万灵1 500～2 500倍、50%潜克5 000倍进行防治。苗期病害主要有猝倒病、疫病、炭疽病、白粉病、叶斑病、霜霉病等，可选择72.2%普立克600～800倍、70%甲基托布津800倍、70%代森锰锌800倍、75%百菌清600～800倍、25%甲霜灵1 500倍、80%绿亨2号800倍、30%特富灵3 000～5 000倍、10%世高2 500～3 000倍、72%农用链霉素4 000～5 000倍进行预防和防治。杀虫杀菌剂要交替轮换使用，每7～10天喷雾1次，防治效果很好。必须注意的是粉锈宁等三唑类杀菌剂对瓜类的生长会产生药害，抑制其生长点的生长，在苗期应禁止使用。

☞ 51. 黄瓜穴盘苗砧木断根嫁接育苗有哪些技术要点?

黄瓜嫁接育苗是当前防治黄瓜枯萎病及促进黄瓜增产的一项重要技术措施，常用的嫁接方法主要是靠接法和插接法，但用于大规模穴盘育苗生产有诸多弊端，如砧木和接穗育苗占用面积较大、植株的高度控制困难等。本文介绍的砧木断根嫁接法操作简单、嫁接速度快、成活率高，生产的黄瓜嫁接苗粗壮、整齐、种苗质量好，适合工厂化规模生产。定植后根系发达，利于提高产量，生产出的种苗深受广大农民的欢迎。

(1)基质准备

砧木和接穗播种采用的基质为熊猫牌草炭、珍珠岩、蛭石，按照体积比3∶1∶1的含量配制，每立方米加5 g绿亨1号(配制成5 000倍溶液)或100 g多菌灵用于消毒，配制时每立方米再加20-10-20氮磷钾三元复合肥1 kg，杀菌剂和肥料与基质混合时要搅拌均匀。嫁接后断根苗的扦插基质则不加任何肥料。

(2)砧木和接穗的选择

砧木采用新土佐、新土佐キニダ系、黑タイプ、胡坐あぐら和云南黑籽南瓜均可，对接穗品种要求不严格，一般可选用当地保护地主栽黄瓜品种即可。

(3)种子处理及播种

砧木种子先晒2或3天的太阳，播种前用55～60℃的温水浸种消毒，浸种时要不断搅拌，直至水温降到30℃后停止搅拌，自然冷却后用2%的漂白粉浸种15 min，清洗干净后浸泡8～10 h，然后清洗2或3遍待播。黄瓜种子播前用55～60℃温水浸种消毒，方法同砧木。浸泡6 h后再清洗2或3遍待播。

砧木种子选用45cm×45cm的育苗方盘进行播种，即在盘中先铺3～5 cm厚的基质，压实后播砧木种子，要求行距5 cm，株距1.5～2.0 cm，种子方向一致，大约每盘播种220～230粒。再用消毒过的细沙或蛭石覆盖1.5 cm左右，充分浇水后放在28～30℃的催芽室中催芽，保持较高的湿度，待60%左右拱土时移出催芽室。黄瓜种子在砧木子叶平展时浸种消毒，浸泡后用同样的方法先铺3～5 cm厚的基质，将黄瓜种子撒播在上面，每盘约1 500粒，再用基质覆盖 2 cm 左右，浇水后放在 28～30℃的催芽室中，注意浇水不宜过多，否则影响种子发芽。待 80%左右拱土时移出催芽室及时见光。

(4)嫁接前苗床管理

砧木齐苗前沙子或蛭石不宜干燥，嫁接前 1 或 2 天适当降温控水，促进下胚轴硬化。接穗(黄瓜苗)的基质不宜过干，齐苗后要充分见光。嫁接前要做好病虫害防治，一般情况下齐苗后和嫁接前一天各喷一次低浓度的杀菌剂预防病害，如用 70%甲基托布津 1 000 倍或 75%百菌清 800 倍或普力克 600 倍进行苗期病害的预防。

(5)嫁接及扦插

嫁接适期以砧木第一片真叶展开时，即播种后 13～15 天为宜。黄瓜为子叶平展，第一片真叶微露时，即播种后 10～12 天为宜。砧木在嫁接前一天抹去生长点。嫁接前一天的下午砧木和黄瓜的基质要浇透水，使植株吸足水分。扦插前，成活区内的苗床基质应做好消毒工作，并提前 1 h 预热。固定一个工人割取砧木和黄瓜苗。

具体嫁接方法如下：砧木从子叶下 5～6 cm 处平切断，黄瓜苗可靠底部随意割下，每次割下的砧木和接穗不宜过多。嫁接时用专用嫁接签从砧木上部垂直子叶方向斜向下插入，角度在 30°～45°之间，深度为 0.5 cm，以不露表皮为宜，插入后取出嫁接签。黄瓜苗在子叶下顺着茎秆方向正反两面各平切一刀，不宜太厚，在 0.5 cm 处再斜切一刀，迅速插入砧木，要插紧。嫁接好后放在湿润的容器内保湿待扦插。

扦插前将扦插基质装入 72 孔育苗穴盘，浇透底水后扦插嫁接苗，扦插深度 2～3 cm。扦插手法及用力要适度，以免折损茎部，扦插后立即放入成活区的苗床内，并做好标签，记录嫁接和扦插日期。

(6)成活期的管理

温度管理　嫁接后前3天温度要求较高，白天26～28℃，晚上22～24℃，温度高于32℃时要通风降温，以后几天根据伤口愈合情况把温度适当降低2～3℃。8～10天后进入苗期正常管理。

湿度管理　嫁接后前两天湿度要求95%以上，低湿时要喷雾增湿，注意叶面不可积水。随着通风时间加长，湿度逐渐降低到85%左右。8～10天后根据伤口愈合情况，湿度管理可接近正常苗湿度管理。

光照管理　嫁接后前两天要遮阳，以后几天早晚见自然光，在管理中视情况逐渐加长见光时间和加强光强度，可允许轻度萎蔫。8～10天后可完全去除遮阳网。

通风管理　一般情况下嫁接后前两天要密闭不通风，只有温度高于32℃时方可通风，嫁接后第三天开始通风，先是早晚少量通风，以后逐渐加大通风量和加长通风时间，对萎蔫苗盖膜前要喷水。8～10天后进入苗期正常管理。

在嫁接后第5或6天喷1次代森锰锌800倍液和农用链霉素4 000倍液预防苗期病害发生。

(7)成活后的管理

及时去萌蘖，砧木在高温和高湿环境下萌蘖生长很快，影响黄瓜苗的正常生长，所以嫁接成活后应及时去除萌蘖。

肥水管理　成活后要适时控水，有利于促进根系发育。一般情况下基质较干后结合浇水喷1或2次叶面追肥，可选择0.1%～0.3%的磷酸二氢钾或尿素。浇1次清水后，再浇氮、磷、钾含量为15-0-15和20-10-20速效肥水，浓度为50～120 mg/kg，两者交替使用。

(8)种苗质量标准及出圃前管理

黄瓜嫁接苗苗龄一般选择25～35天,具有2或3片真叶,叶片翠绿、肥大,根系已盘根,苗子从穴盘拔起时不会散坨,须根白色、健康,植株高度在7～10 cm。发货前5～7天要降低温度2～3℃,并且要控肥水,便于装箱运输和缓苗,提高移栽成活率。

(9)病虫害控制

同黄瓜直播苗。

52. 怎样进行黄瓜穴盘苗的炼苗?

黄瓜穴盘苗由播种至幼苗养成的过程中水分或养分几乎充分供应,且在保护设施内幼苗生长良好。当穴盘苗达出圃标准,经包装贮运定植至无设施条件保护的田间,面对各种生长逆境,如干旱、高温、低温、贮运过程的黑暗弱光等,往往造成种苗品质降低,定植成活率差,使农户对穴盘苗的接受力大打折扣。如何经过适当处理使穴盘苗在移植定植后迅速生长,穴盘种苗的炼苗就显得非常重要。

穴盘苗在供水充裕的环境下生长,地上部发达,有较大的叶面积,但在移植后,田间日光直晒及风的吹袭下叶片蒸散速率快,容易发生缺水情况,使幼苗叶片脱落以减少水分损失,并伴随光合作用减少而影响幼苗恢复生长能力。若出圃定植前进行适当控水,则植物叶片角质层增厚或脂质累积,可以反射太阳辐射减少叶片温度上升,减少叶片水分蒸散,以增加对缺水的适应力。

夏季高温季节,采用阴棚育苗或在有水帘风机降温的设施内育苗,使种苗的生长处于相对优越的环境条件下,这样一旦定植于露地,则难以适应田间的酷热和强光,出圃前应增加光照，尽量创造与田间比较一致的环境，使其适应，可以减少损失。冬季温室育苗，温室内环境条件比较适宜蔬菜的生长，种苗从外观上看质量非常优良，但定植后难以适应外界的严寒，容易出现冻害和冷害，成活率也大打折扣。因此，在出圃前必须炼苗，将种苗置于较低的温度环境下 3～5 天，可以起到理想的效果。

53. 如何做好黄瓜穴盘苗的矮化技术？

黄瓜穴盘苗地上部及地下部受生长空间限制，往往造成生长形态徒长细弱，为穴盘苗生产品质上最大的缺点，也是无法全面取代土播苗的主因，故如何生产矮壮的穴盘苗是育苗业者努力追求的方向。一般可利用控制光线、温度、水分等方式来矮化秧苗。生长调节剂虽然能很好的控制植株高度，但为绿色食品和有机食品生产所限制，不宜提倡。

光线　植物形态与光线有关，植物自种子萌发后若处于黑暗中生长，易形成黄化苗，其上胚轴细长、子叶卷曲无法平展且无法形成叶绿素，植物接受光照后，则叶绿素形成，叶片生长发育，且光线会抑制节间的伸长，故植物在弱光下节间伸长而徒长，在强光下节间较为短缩。不同光质亦会影响植物茎的生长，能量高、波长较短的红光会抑制茎的生长，红光与远红光影响节间的长度。因此，在穴盘苗生产上，为顾及成本不宜人工补光，但在温室覆盖材质上，必须选择透光率高的材料。

温度　夜间的高温易造成种苗的徒长。因此，在植物的许可温度范围内，尽量降低夜间温度，加大昼夜温差，有利于培养壮苗。

水分　适当的限制供水可有效矮化植株并且使植物组

织紧密，将叶片水分控制在轻微的缺水下，使茎部细胞伸长受阻，但光合作用仍正常进行，如此便有较多的养分蓄积至根部用于根部的生长，可缩短地上部的节间长度，增加根部含量，对穴盘苗移植后恢复生长极为有利。

常用的生长调节剂有 B_9、A-Rest、矮壮素、多效唑、烯效唑。另外，农药粉锈宁的矮化效果也很好，但不宜应用于瓜类，否则易产生药害。B9（比久）的化学成分容易在土壤中分解，因此通常使用叶面喷施，使用浓度为 1 000～1 300 mg/kg。A-Rest 既可浇灌也可喷施，施用浓度为 50～150 mg/kg；矮壮素的使用浓度是 $(100\sim300)\times10^{-6}$；多效唑一般使用 $(5\sim15)\times10^{-6}$，烯效唑的使用浓度是多效唑的 1/2。

五、田间管理技术

54. 如何确定我国各地露地黄瓜栽培的季节？

黄瓜露地栽培季节因各地气候条件而异，黑龙江、吉林、内蒙古、辽宁、山西、河北、陕西北部等气候冷凉或属高寒地区，无霜期短，一年 130～180 天，夏季温度较高，但夜晚凉爽，多在 25℃以下，很适合黄瓜生产，并能安全越夏，从春到秋生长期 6～7 个月，且病害较轻，属单主作地区。

在辽宁、河北、山西、陕西南部、山东、河南、北京、天津、济南以及江苏、安徽、湖北北部，无霜期在 200 天以上，气候特点是春季温和，阳光充足，雨量较少，但夏季炎热多雨，秋季凉爽，气温下降较快，这一地区露地黄瓜栽培茬口有春黄瓜（早熟栽培）、夏黄瓜（普通栽培）和秋黄瓜之分。春黄瓜是主要栽培形式，一般在霜前 35～40 天育苗，断霜后定植，黄瓜栽培后春季生长旺盛，开花结果良好，上市早，产量高。但在中后期往往因高温多雨，霜霉病、炭疽病严重，不能越夏，一般在 7 月中旬前后拉秧。

此地区普通栽培的夏黄瓜于断霜后直播或育苗，接春黄瓜上市，播期不太严格，一般播种后 50 多天开始收获，收获期 30～50 天。

秋黄瓜一般是在当地初霜前 3～4 个月露地直播或育苗，播种后 50 天左右开始收获，寒露拉秧。为准确确定各个地区露地黄瓜的播种期、定植期，可参照各地霜期（表 4）及上述原则加以确定。

表4　北方各地的霜期
(王贵臣,1991)

地区	初期(日/月)		终期(日/月)		露地春黄瓜定植期(旬或日/月)
	平均	极值	平均	极值	
西宁	26/9	14/9	18/5	9/6	上/6
拉萨	1/10	25/6	15/5	3/6	中/6
呼和浩特	17/9	3/9	9/5	31/5	下/5
乌鲁木齐	7/10	15/9	3/5	31/5	下/5
哈尔滨	24/9	7/9	5/5	21/5	23/5
长春	26/9	10/9	2/5	17/5	21/5
沈阳	1/10	11/9	2/5	18/5	18/5
兰州	9/10	22/9	23/4	10/5	中/5
银川	5/10	25/9	18/4	15/5	中/5
太原	7/10	18/9	18/4	13/5	上/5
北京	12/10	25/9	17/4	16/5	25/4
天津	23/10	4/10	5/4	26/4	26/4
石家庄	19/10	28/9	5/4	26/4	26/4
西安	28/10	11/10	2/4	24/4	下/4
郑州	1/10	14/10	29/3	21/4	中/4
济南	30/10	11/10	25/3	21/4	19/4

在长江中下游的湖北、湖南、江西、浙江、上海等省市以及安徽、江苏南部、福建省北部等地区,气候温暖湿润,无霜期长,一年也可露地栽培三茬黄瓜,即春茬、夏茬和秋茬,而在雨量充足、周年温热的海南、广东、广西、台湾、香港以及福建、云南的南部地区,由于全年无霜冻,黄瓜一年四季均可露地种植。但由于强台风和暴雨,使产量不稳定。

☞ 55. 何谓露地春黄瓜?

春黄瓜是露地栽培的主要形式,其在保护设施下培育壮苗，环境适宜时定植于露地。露地春黄瓜的播期因各地气候条件不同而有差异，在我国北方地区春黄瓜播种多采用保护地育苗，终霜断后，露地定植，一般播种时间多在3月上旬至4月上旬。

56. 如何进行露地春黄瓜苗期的环境管理？

(1)温度

育苗期间正值低温季节，应据幼苗不同时期对温度要求进行温度管理。

育苗期的温度管理注意两个关键时期：一是播种至60%～70%出苗，要求28℃左右，掌握较高温度有利于促进出苗，减少养分自身消耗；二是子叶展足到真叶显露，应控制较低温度，以控制下胚轴过度伸长形成徒长，防止发生猝倒病。还应注意育苗后期的幼苗锻炼工作，提高幼苗抗寒能力，适应定植后的环境条件。

另外，应注意苗床地温的变化，因为育苗期内的地温高低对黄瓜种子的发芽出土及幼苗生长发育密切相关。黄瓜幼苗适宜的地温为出苗前白天25℃，夜间20℃，出苗后白天22℃，夜间18℃。在育苗过程中，地温受气温的影响，当苗床内最低气温为10℃时，10 cm地温可维持在12～13℃及以上，所以保持黄瓜育苗所需适宜地温，还需采用土壤加温措施，如电热线加温、酿热物加温、火炕加温等。

(2)光照

冬春育苗正处于短日照、光照强度较弱季节，光合产物形成少易出现弱苗。因此应尽可能争取光照，在苗子不受冻条件下尽量早揭苫晚盖苫，增加光照时间，应保持薄膜清洁，增加透光度。阴天时也应在允许条件下揭苫多见散射光。

(3)湿度

播前苗床灌透水后,一般苗期不浇水,幼苗干旱时可以覆一些潮土。若采用营养钵育苗,因其容积小,盛水量少,以及采用电热线育苗,营养土易干,因此视具体情况应注意浇水,水温不应过低。浇水宜在中午前温度较高时进行,用喷壶喷水。若苗弱需追肥,可用0.1%尿素及0.1%磷酸二氢钾随水浇灌或进行叶面喷肥。

(4)其他管理工作

一是苗床有裂缝时,应覆湿土。二是阴天及雪后也要揭苫争取光照,连续阴雪天后突然转晴,草苫不能一下全部揭开,要逐渐让幼苗见光,防止发生闪苗。揭苫后发现叶片稍有萎蔫要及时"回棚",恢复后再揭,经1或2天幼苗适应之后再转入正常管理。雨天也要揭苫,但应防雨水流入苗床。雨后降温或遇强寒流侵袭,应增加覆盖物保温或采用临时加温措施。

57. 如何通过放风来控制春黄瓜幼苗徒长?

黄瓜育苗的关键是如何控制好幼苗的徒长,防止幼苗徒长的关键是如何调控好温度,而温度的调控多取决于放风技术。露地春黄瓜育苗多采取冷床育苗。冷床的特点是床的四周温度低,中间温度高,通常放风又是从两侧支起薄膜进行,所以秧苗生长很不整齐,四周低,中间高。定植时要想获得整齐的秧苗必须在放风技术上下工夫,以加大昼夜温差。放风控温技术有:

(1)放顶风

冷床的床面扣小拱棚,棚高50 cm,覆盖薄膜用两幅烙合而成,每米留30 cm不烙合,以用于放顶风。当室内温度偏高，可以从顶部放风，使秧苗生长整齐。

(2)顺风放风

放顶风以后，随着外界温度的升高床温也会升高，当只靠放顶风床温降不下来时，可在背风一侧支起薄膜，使床内外进行气体交流，但注意冷风不能进入床内。

(3)顶风放风

当外界温度进一步升高只靠顺风放风床温仍降不下来，在风力不大，外温较高时可在逆风一侧支起放风口，使冷空气直接吹入床内，但在外界风大时不宜进行。

(4)放对流风

放逆风后秧苗适应能力增强，可以放对流风，有冷床两侧支起放风口，但应注意两侧放风口要错开。

(5)大放风

放过几次对流风后秧苗得到进一步锻炼，当外界白天温度已达到秧苗生长要求，只是外界温度低还需防寒保温时，可在白天把薄膜全部掀开，进行大放风。大放风是在秧苗已经达到要求的形态指标，经过大放风逐渐达到定植要求的生理指标。

(6)放夜风

在定植前5～7天已过霜冻期，夜间不用覆盖薄膜，把床温降到适应温度的低限，但要注意夜温的变化，以防遭受冻害。

58. 露地春黄瓜定植前为什么要进行秧苗锻炼？

露地春黄瓜通常于当地晚霜期断后，旬平均气温稳定在15～18℃，地下15 cm地温12～15℃时进行定植。

这个时候外界环境条件与苗床内环境条件差异很大，北方昼夜温差大、地温低、空气干燥而风大，南方空气湿冷、阴雨多、地温低。为了使秧苗适应不良的外界环境条件，就必须进行秧苗锻炼，这对提高秧苗的抗逆能力，适应不良的环境条件，是不可缺少的重要技术环节。其主要方法是：在黄瓜定植前 15 天开始分阶段进行。具体方法为：前 7 或 8 天逐渐加强白天放风，逐步减少夜间覆盖，最后白天覆盖全撤，夜间只盖草苫，后 7 或 8 天要逐渐加大夜间放风量，到定植前几天夜间覆盖全撤，使幼苗昼夜接触自然环境。通过秧苗锻炼，可进一步控制秧苗生长，促进根系和花芽发育，提高幼苗对不良气候条件的适应能力。为了进一步控制幼苗生长，通常在黄瓜定植前 3 天采取起苗、囤苗的方法，以控制其生长，促进新根发生。起苗前应给苗畦灌透水，次日进行割坨起苗，起苗时应保证苗坨不裂不散，囤苗时应囤平，囤齐。囤满一畦应用细土填缝，以防漏风干根。

☞ 59. 露地春黄瓜怎样进行整地、施基肥？

春黄瓜用地一般在冬前翻耕，开春后复耕，耕深 25～30 cm，并结合翻耕施用基肥，整地做畦。

一般基肥用量为优质有机肥每 667 m^2 施用 5 t 以上。为了使土壤温暖、疏松通气、保水保肥，创造根系生长良好的环境条件，改善土壤理化性状，提高黄瓜产量应尽量多施有机肥。基肥数量与土壤类型、肥力、有机肥种类及其质量、栽植密度、生长季节长短等有关，在具体操作时应适量增减，还应注意氮、磷、钾之间的比例关系。有机肥的使用方法，有的全部普施后耕地时翻入土内；有的大部分普施，留下少部分定植前结合整地做畦集中条施于沟内，在施有机肥的基础上每 667 m^2 施复合肥 40 kg 或过磷酸钙 30 kg。

露地春黄瓜做畦方式有低畦、高畦和垄畦几种形式，做畦规格依具体株行距而定。高畦和垄做常与地膜覆盖结合进行。地膜覆盖者应注意在做畦前造好底墒，促进幼苗生长发育。

60. 露地春黄瓜怎样定植？定植后应采取哪些保护措施？

定植时期　黄瓜是喜温蔬菜，根据黄瓜对温度的要求，一定要在当地终霜过后，地温稳定在 12℃ 以上，最好是 15℃以上，才能定植。若要提早定植，必须有临时覆盖等防寒措施，定植后一旦有霜冻要进行盖地膜、浇水、喷水、熏烟等措施，防止发生冻害。露地春黄瓜应在不遭受霜冻的前提下尽量提早定植，以提高前期产量和延长采收期。

定植密度　合理密植可以提高光能利用率，充分发挥群体增产潜力。黄瓜的合理密度因品种、栽培形式、地力厚薄、生长期长短而定。若早熟品种、生长期较短、小架栽培、地力较差可适当密些，反之可稀些。用小架进行早熟栽培时，株行距可用(24～27)cm×(40～43)cm，密度最高可达每 667 m^2 种植 6 000 株；大架栽培的各地定植密度差别较大，每 667 m^2 种植 3 000～5 000 株，一般每 667 m^2 种植 4 000株左右，株行距多为(20～23)cm×(70～80)cm。定植时多按宽窄行栽苗，畦内两行间距离较窄，一般为 50～60 cm，畦间行距较宽，一般为 80～90 cm。

定植方法　定植方法一般分为明水栽和暗水栽两种。明水栽即在畦面按株距挖穴，将苗栽入后浇水。暗水栽也叫坐水栽、水稳苗或粪水稳苗，即先开沟晒土，栽时一般顺沟施入部分基肥，与土混合后顺沟放水，待水渗到一定程度将瓜苗土坨大部分坐入泥水内，使根土密结。待坨和土晒暖，覆以“阳土”，这样即可提高地温，又可防止板结，起到了透气、保墒、促进缓苗发根的作用。地膜覆盖黄瓜因在定植前已浇透水，故多开穴点水定植。也有开穴定植后在行间浇水的做法，以前者为好。

黄瓜定植要浅，有利于黄瓜缓苗、发棵。定植深度以土坨表面与地面相平或稍高为宜，故有“茄子没脖、黄瓜露坨”的农谚。

61. 露地春黄瓜定植后怎样进行水肥管理？

(1)灌水与中耕

定植 3～5 天后，若生长点有嫩叶产生，表示已经缓苗。若迟迟不生嫩叶，甚至早晨叶部萎蔫，说明根部已经发生问题，应找出原因及时解决。在一般情况下，若定植水浇的不大，缓苗后土壤较干，须用暗浇法在午前浇一次缓苗水，促进根系吸肥吸水，以利壮苗。若土壤很湿可以不浇。此期根瓜初生，尚未坐住，为防止茎叶徒长引起化瓜，管理中心要突出一个“控”字，加强中耕，进行蹲苗，尤其在浇缓苗水的情况下，地温下降对根系生长不利，所以要及时深耕(7～10 cm)、勤耕、细耕。必要时可以中午晒坨，下午封以暖土，以提高地温、加强透气、保持水分、改善根系的生长环境，促其迅速发育，防止寒根，沤根现象发生，并可达到根深秧壮，花芽大量分化，根瓜坐稳的目的。蹲苗要适当，切不可过度。待根瓜坐住，可以结合第一次追肥浇催果水，促进果实生长。在实际生产中，除根据幼果长相加以诊断以外，还要根据黄瓜品种、植株状况、土壤湿度、当时的天气情况等综合判断是否浇水，不应以根瓜坐住与否作为开始浇催果水的唯一标准。例如在未浇缓苗水或基肥烧根的情况下，如不及时浇水，专等根瓜坐住，反会误事，以致瓜秧不长，叶子抽缩，光合产量下降，从而引起化瓜或助长根瓜苦味的发生，故在根瓜坐住前浇1次小水，也不致引起化瓜。

根瓜坐住以后，黄瓜进入结果期，伴随气温渐高，茎叶与果实生育并进，果实不断采收，吸水量日益增加，灌水量也应逐渐加大。但不同生育阶段具体灌水量和灌水措施应据各种变化有所区别。根瓜生育期外界气温较低，植株生长量和结瓜数还不多，因而浇水次数不宜过多，水量不宜过大，保持地面间干间湿即可，一般每5～7天浇1次水。腰瓜生育期气温升高，营养生长和生殖生长均逐渐达到极盛阶段，需要肥水的数量增加，故需大量追肥浇水，每3～5天浇1次水，浇水量要大。浇水时间宜在早晚，且以早上为好，利于光合作用的进行。顶瓜生育期，盛果期已过，植株开始进入衰老阶段，需水和浇水量减小。但回头瓜还在生育，天气更加炎热，因此对肥水的供应仍不能忽视，应该加强管理，使茎叶生长势旺而不衰，争取结瓜期延长，增加产量。

(2)追肥

黄瓜根浅喜肥耐肥，追肥时期与施用量大小应据其生长动态及需肥规律而定。目前生产上多属于传统的经验追肥。一般结合浇催果水大量施1次有机肥，也常兼施一些氮肥。施肥量依追肥的方式和种类而定，有机肥以圈肥为例，每667 m^2 施用1 t左右；化肥以尿素为例，每667 m^2 地施用6～8 kg。根瓜采收后，瓜秧逐渐繁茂，多顺水追肥。原则上每隔1次浇水，顺水追肥1次。追肥时要增加磷钾成分，氮素化肥用量尿素每 667 m^2 每次 8 kg 或适量腐熟粪稀水。黄瓜生育后期也应不断追肥，防止瓜秧早衰，提高抗性，减轻病害，提高总产量。

为了科学地指导施肥，黄瓜测土施肥技术近几年来逐渐在生产上得到应用，但各地土壤类型、质地、肥力、所用品种、密度、气候等诸多条件不同，故其应用还有一定局限性。但是配方施肥比习惯施肥方法增产明显，效益显著。

62. 露地春黄瓜进入结瓜期后为什么要进行根外追肥？

黄瓜主要营养来源是根从土壤吸收营养供给的。当黄瓜进入结瓜盛期，根要从土壤吸收大量营养，才能满足黄瓜需要。为了保证黄瓜叶片对营养的需求，在生产中常常采用叶面喷肥的方法，补充对氮、磷、钾、钙、镁、铁、锌、硼等三大营养元素和微量元素的需求，这种方法俗称根外追肥，采用这种方法好处很多：

①方法简单，效果明显，增产显著，一般增产幅度在10%以上。

②喷施氮、磷、钾三大要素可使黄瓜叶片浓绿，植株生长健壮，延长黄瓜采收期，同时也增加了黄瓜的抗病能力，起到增产增收的作用。

③喷施微量元素可以迅速缓解黄瓜由于缺少微量元素而造成的各种症状。

有经验的菜农在生产中精心观察黄瓜每个时期的生育状况，准确诊断，对症及时进行根外追肥，能收到良好的效果。

63. 露地春黄瓜应怎样进行植株调整?

露地春黄瓜的植株调整包括搭架绑蔓、整技打杈、摘心摘叶去卷须等内容。

春黄瓜以搭架栽培为主。搭架在甩条发棵初期进行，多用“人”字形架，架高 1.7～2.0 m，插杆小架一般高 0.67～1.0 m，每株一杆，插在离瓜秧约 8 cm 远的畦埂一面，既可保护植株，又不致伤根太多，要注意务使架杆分布均匀。株高 23～27 cm 时开始绑蔓，以后每隔 3 或 4 叶绑 1 次，绑在瓜下 1 或 2 节，既方便，又不易伤瓜，不易折断。多采用曲蔓绑法，以缩短其高度，抑制其徒长，小架绑法更是如此。黄瓜绑蔓可以调整秧果关系，对于生长势强的瓜蔓要比生长势弱的绑紧一些，弯曲程度大一些，反之绑松些，弯曲程度小些，这样可以抑强扶弱。

多数黄瓜品种主侧蔓均可结瓜，春黄瓜以主蔓结瓜为主，所以一般保留主蔓坐果。第一瓜以下的侧蔓要及早摘除，防止养分分散，促使主蔓旺盛生长。上面的侧枝见瓜后，在瓜上留 2 叶摘心，增加坐果部位，提高产量，一般侧蔓产量可达总产量的 30%～40%。为促进坐瓜，绑蔓时可顺手摘除卷须，节省养分。一般待主蔓快到架顶时进行摘心，小架栽培的可在 20～25 片叶时摘心，解除顶端生长优势，促回头瓜形成。及时打掉底部黄老病叶片，也是节约养分，改善通风透光条件的有力措施。

64. 怎样进行春黄瓜的田间植株诊断?

黄瓜定植到大田以后，逐渐生长、开花结实。在此期间也和苗床诊断一样，可以通过各个器官的长相进行诊断。

(1)茎和叶

全株茎部粗短适度，为生长势比较适中而强健的表现；过长、过短或过粗、过细，为生长势过盛、徒长或过弱、老化象征。叶片中等，叶色绿有光泽，表示发育正常；过大或过小，过浓或过淡，表示发育不正常。子叶对外界条件的反应敏感，所以通过观察黄瓜子叶的长相，基本上可以诊断出整个植株发育的好坏。

(2)卷须的长相

在果实肥大期间，卷须粗大，呈45°伸展，是正常状态。如呈弧状下垂，是水分不足的表现。卷须直立是水分多的表现；卷须细而短，表示植株营养不良。先端卷起，说明植株已经老化。卷须先端呈黄色是病害将要发生的预兆，因为一般卷须先端细胞浓度应该高，黄化是浓度低的表现，因而也是植株衰弱的象征。

(3)花的长相

雌花鲜黄，生育旺盛，向下开放，是植株生长势旺盛的表现，反之雌花淡黄，短小，弯曲，横向开放，甚至向上开，说明生长势衰弱。如果生长势适当，正在开花的雌花距离株顶应为50 cm左右，将要收获的果实距离株顶应为1.4 m左右，其间具有展开叶4或5片。

(4)果实的长相

在正常温光和肥水条件下黄瓜果实顺直，但在不适宜的环境或不当的管理条件下，会发生果实异常发育现象，如苦味果实、畸形果实或化瓜。

☞ 65. 何谓夏黄瓜？

夏黄瓜又名半夏黄瓜和接架黄瓜。是在露地春黄瓜即将结束时开始上市的黄瓜栽培茬口。一般是在5月中下旬，露地速生菜倒地后播种，按播期的早晚又可分为早半夏黄瓜和晚半夏黄瓜。早半夏黄瓜播期一般为5月中下旬，7月中下旬开始上市，至8月下旬供应市场，晚半夏黄瓜6月上中旬播种，8月上旬开始上市，至9月上旬供应市场。

66. 如何制作夏黄瓜栽培用的小高垄?

(1)地整平后，先在起垄的地方用锄挖成20 cm宽的沟，沟深15～20 cm，然后每667 m^2 施腐熟的堆厩肥2 600～5 000 kg，饼肥100 kg，过磷酸钙50～100 kg，施于沟内，再用当地常用的工具将肥和土掺匀，灌水后封土成小高垄。垄高20 cm，小沟宽20 cm，大沟宽50 cm，垄高12～15 cm。

(2)在底墒足的情况下，顺起垄线将底肥撒上，然后用锄或其他工具按规定规格起垄。两种起垄方法都是在实践中经常用的，各地可根据具体情况，因地制宜选择。无论哪种起垄方法，均须土面细碎，没有坷垃，垄高低一致，大小均匀呈拱圆形，然后盖地膜。在越夏一季栽培地区起垄后可覆盖地膜，以提高地温及防除杂草。

67. 夏黄瓜如何育苗?

首先要选择好品种，不同地区栽培所选品种不同。炎热地区要选择耐热性强的品种；夏季多雨地区要选用耐涝抗病的品种；越夏一季栽培的要选生长期长的品种。但总的原则是，早熟品种不适宜夏季或越夏一季栽培。

夏黄瓜的播种方式有两种，即点播和育苗移栽。

点播中采用催芽后点播比干籽点播好，它可以在较短的时间内出苗，避免因出苗时间长，下雨使地面板结，不易出苗,点芽可保证一次全苗。具体催芽点播时间应按各地前茬结束时间而定,华北地区南部一般在5月下旬至6月中旬。越夏一季栽培地区,可在终霜期结束后播种。具体播种方法是:首先在高畦两边用小锄各开10～12 cm宽、10～15 cm深的小沟,沟内灌足水,待水将要渗完时,将预先催好芽的种子,按株距(一般20～25 cm)在沟沿洇水的地方摆播两个种芽,随即用湿土蒙住。播种一般都在下午,如果阴天,也可在上午进行。

育苗移栽多为延长前茬作物采收期而采取的方法。在露地苗床进行,要架设防雨和遮阳、通风良好的荫棚,苗龄不宜过长,一般15～20天,两叶一心时即可开沟浇水定植。

☞ 68. 怎样进行夏黄瓜的田间管理?

夏初温度高出苗快,当两片子叶展平时开始定苗,促进幼苗健壮生长。

(1)及时插架

当苗长至7或8片叶时,植株已有20～25 cm高,必须及时插架。这时黄瓜生育盛期正值太阳高度角最大,光照强度最强的时候,插架应插篱笆花架,这种架因相邻架竿交错斜插,每根竹竿至少与4根交错,竿与竿连在一起,架的一面搭好后,在垄的一端用手摇动,颤动力可顺竿传到垄的另一端。然后两面的架竿顶部用顺垄竹竿绑在一起,这样的花架非常坚固,一方面遇大雨、大风不歪不倒,避免遭受不应有的损失;另一方面瓜蔓遮阳,减少光照强度。

(2)加强肥水管理

由于夏季温度高,地面土壤水分挥发快,叶子蒸腾作用大,蹲苗时间不宜长,加上瓜的生长速度快,应酌情及时灌水。每次灌水量不宜大。同时要根据天气的特点，改在清晨或傍晚灌水，最好灌井水，有利于降低地温，促进根系发育，避免高地温的影响而使根系发育停滞。伴随灌水次数的增多，追肥用量相应增加，以补充营养的不足。夏季宜追速效性氮肥，不宜追施有机肥，特别是人粪尿，以免造成氨害。夏季灌水多，易生杂草，注意拔除草害，以免其争夺肥水，特别需要注意的是，下雨时及时排水。

(3)整枝绑蔓

伏天植株生长较快，要及时绑蔓，防互相缠绕，影响生长。夏播品种一般都有侧蔓，但基部不留，中上部侧蔓可酌情多留几叶再摘心，有利杈瓜生长。下部老叶病叶及时摘除，免除过多的消耗养分，还有利于通风。

(4)铺草、遮阳、降温

夏季或越夏一季栽培在高温到来之际，叶蔓一般要封垄盖地，使地面不裸露，创造一个荫蔽、地温较低的小气候环境。如定植太晚，地面裸露，地温太高，对生长不利。为避免地面温度太高，可在垄间铺设稻草、白麦秸(有反光作用，可减少地面辐射热)。有试验证明，铺麦秸比未铺的晴天 10 cm 地温可降低 1～2℃，阴天降低 0.5～1.0℃。热雨后或晴天下午 3～5 h 灌井水，比未灌的 10 cm 地温可降低 5～7℃。向根部培土也有一定的降低地温的效果。

(5)间蹲间促，保蔓不衰

黄瓜越夏一季栽培采取间歇蹲促法，是一大栽培特点。前期蹲苗，促进根深叶茂，为采收高峰期早点出现做好准备。摘瓜开始后加强肥水管理，促进多结瓜，炎热到来之际，进行控秧。在原来经常中耕的基础上，进行深中耕，有意将土表层一部分毛细根切断，促进新根下扎，土壤表层以下温度较低，有利于根群的扩大。这时果实生长会遇到一定的限制，营养生长暂时减弱，再加夏季叶片感病，下部叶片易于干枯脱落，果实采摘会出现短暂的空挡。深中耕缓秧后，摘除下部老黄叶、病叶，促进通风透光。以后转入浅中耕松土，拔除杂草。在这个基础上，猛促秧、果的生育，及时进行追肥。开始可每 667 m^2 追施磷酸二铵 20 kg，炎热过去之后冲施充分腐熟的人粪尿 1 000 kg，或撒施豆饼 50 kg，然后浅锄灌水，可促进越夏后生长，迅速形成第二个生长采收高峰期。以后每隔 15 天追一次氮磷钾复合肥，一般每 667 m^2 施 15 kg 左右，数量不宜过多，拉秧前 15 天左右，停止追肥。

(6)采收

初夏播种后，温度逐渐升高，幼苗生长快。天热，果实也发育得快。播种后 40 天左右就可以采收，宜勤收，一般多隔几天采收 1 次，甚至每天采收，以确保果实鲜嫩和植株旺盛生长。

高寒地区越夏一季栽培的，在春季和前面叙述的相同。在夏季采收次数也应增加。夏末秋初以后，气温逐渐下降，采收间隔时间相应拉长。总之，应该根据黄瓜生长速度和植株长势及时采收，避免坠秧。

69. 何谓秋黄瓜?

黄瓜秋季栽培在有霜地区是指初霜之前收获结束的栽培。而在常年无霜地区是在夏黄瓜拔秧秋瓜上市的秋季栽培。秋黄瓜在 7 月中下旬至 8 月上旬播种，国庆节前后上市。

70. 秋黄瓜育苗应注意什么?

秋黄瓜的苗期正处于高温多雨季节，病虫害严重，产量也较低。在育苗技术上，针对这一茬口的环境特点，应重点做好以下几方面工作：

(1)选用适宜品种

一般秋季露地栽培的品种宜选择苗期抗热，后期耐低温且瓜条稍大的品种；如中农2号、津杂3号、西农棒槌秋瓜、昭阳大黄瓜、京旭2号、冀黄瓜1号、冀黄瓜2号、夏青2号、唐山秋瓜、南京大刺瓜等品种。这些品种生长势强，耐病，耐低温，在秋季露地栽培效果较好，不同地区可根据各地情况选择适用品种。

(2)适期播种保全苗

适期播种对秋季露地栽培很关键。播种期的掌握宜在初霜到来之前黄瓜能有较高产量为宜(保证高产能达到2 500～4 000 kg)。播种晚了影响生长，并易受冻害，造成减产，所以播种期以早为好。但早播正值炎热多雨，一是不好促苗；二是植株易早衰；三是容易使市场供应脱节；四是影响产量。所以各地的播期，要根据不同品种特性确定。抗热性好的，植株生长旺盛的可早播些，否则可稍晚点播。

(3)降温育壮苗

因秋黄瓜苗期正值高温多雨季节，故一般采取育苗移栽方式，这一点与夏季露地黄瓜生产不同。

育苗畦应选在地势高燥、凉爽通风、土壤肥沃、富含有机质且排灌条件好的地块。为防止苗畦被雨水淹，采用小高畦育苗，畦高10～15 cm，按10 cm×10 cm见方点催过芽的种子，播种后覆细土，随后从沟中灌水把畦淹透，或畦面喷水后播种、覆土。

为防止苗期病害，播种床土最好进行消毒(消毒方法可参照育苗部分)。对病毒病较重地区或易感病毒品种，夏季育苗为防止苗期病毒病发生，种子可用10%磷酸钠浸种，或各地根据实际情况及选用品种的抗病性，有针对性的选择合适种子消毒方法。

播种后为保墒和提高出苗率,降低土壤温度,可采用遮阳网浮面覆盖。即种子播好后,畦面上直接盖上遮阳网,四周用土块或弯曲塑料针固定好网,防止风吹。一般盖3～5天,待出土齐苗后,即可揭去,采用遮阳网浮面覆盖可保证出苗整齐,又能防止雷暴雨造成的"炕芽""死苗"现象。

夏季育苗,除采用遮阳网浮面覆盖提高出苗率外,一般生产上还普遍采用荫棚育苗,过去的荫棚一般用芦帘、苇席做遮阳覆盖材料,随着遮阳网覆盖技术的推广,有条件地区在夏季育苗上已普遍用黑色遮阳网,取代了传统遮阳材料芦帘、苇席等。

荫棚的做法可就地取材,用竹竿或钢筋架做骨架,竹竿或钢筋架要跨过畦面,这样下雨后雨水可顺棚流入畦外沟内,避免雨水将畦面冲坏或把种子冲出。

因夏季温度高,一般播种后2或3天即可出苗。当黄瓜苗有1或2片叶时可用100×10^{-6}的乙烯利处理,促进雌花分化,避免幼苗徒长。在一般情况下,播后7天左右可长出一片真叶,20天左右即可达3或4片真叶,如地已空闲且整好,秋露地黄瓜也可在两叶一心时定植。

秋季露地栽培黄瓜有四怕:一怕暴晒,二怕水浸,三怕病虫,四怕徒长。因此苗期要针对此认真管理,选择合适的遮阳覆盖材料,及时排水和进行苗期病虫害防治,并适时适量浇水,即可育出壮苗。秋黄瓜因不需要保温育苗,不需要向春黄瓜那样带雌花、大苗定植。幼苗太大,定植时往往因带土块小,栽后暴晒影响成活率。

71. 怎样进行秋黄瓜的田间管理?

(1)灭草整地,施肥做畦

露地秋黄瓜的前茬,都是春茬作物,大都在6月底、

7月初腾茬，此时期一般各地雨水均较充足，杂草滋生严重。因此，前茬作物收获后，要及时清除枯枝烂叶特别是杂草，避免杂草在瓜地造成隐患，随后深翻晒垡，并要求达到一定天数，以暴晒土壤，增加肥力，杀死部分土传病虫害，同时可适当施入充分腐熟且无污染的堆厩肥或人粪尿做基肥，每667 m^2 施3 000～4 000 kg，翻耕混匀并充分暴晒后，做畦。秋季黄瓜栽培一般均做成小高畦，以利于排水和生长。小高畦一般宽1.0～1.1 m(高畦宽40～50 cm，沟宽60 cm)种植两行，株距22 cm。

(2)适时早栽

秋露地栽培黄瓜为在霜前拿到较高产量，在前茬腾出地后即应抓紧早定植。定植晚了幼苗在苗畦中徒长遮阳，易伤根，缓苗慢，结瓜晚，后期易受冻害。定植后的管理重点是抓紧在秋季较短的有利时间内使植株早生长，快生长，多结果，以获取较高产量。因此，在整枝技术上，不论哪种类型品种，一般都不留侧枝或侧枝早打头，减少养分损耗，促进瓜条发育。

(3)增施肥料轻浇水

秋露地黄瓜生育期内多雨水，有机肥料分解快，流失多，因此需肥量大，对硝态氮的吸收量大约是春黄瓜的1倍，磷钾肥的吸收量也很大。故应增施肥料，一般追肥在结瓜盛期每隔1水追肥1次，并于每次大雨或连阴雨后要追肥，一般每667 m^2 每次施用尿素5～10 kg。为了提高黄瓜抗病性，提高产量，追肥时要配合磷、钾肥的使用。在水分管理上，要小水勤浇，忌大水漫灌，这样既可做到不旱、不涝、病虫害少，又能经常降温，起到改善小气候的作用，大雨后要及时排水。

(4)及时防治病虫害,及早收获

秋露地黄瓜病虫害严重,为保证产品符合无公害要求,在病虫害防治上要贯彻以预防为主,综合防治的方针,除从栽培上采取一系列防治措施外,要勤观察,早发现,及时防治,控制病虫的发生与蔓延,以达到理想的病虫害防治效果。同时,为保证黄瓜的商品质量,也要做到当黄瓜达商品瓜标准时及时收获。

☞ 72. 夏秋黄瓜遇到干旱或播种后遭雨怎么办?

夏黄瓜和秋黄瓜露地栽培,受天气影响很大,尤其是采用直播形式播种,赶上天旱无雨,土壤墒情不好,无法播种,有时播种时遇到天旱,底墒不好,出芽后,不能出土,芽吊干而死。有时刚播种完就降雨,使土壤板结,出苗困难,严重时不能出苗。遇到上述情况,应采取相应的措施,保证出苗。

①播种时遇到天旱应浇足底水,浸种催芽播种。

②遇到雨涝天可采取播后盖沙,防止土壤板结、出苗困难。

③播种后遇雨,垄台土壤板结,可在表土干湿合适时用小钉耙划松垄面,可保证出苗整齐。

☞ 73. 何谓日光温室越冬茬黄瓜?

日光温室越冬茬黄瓜是目前我国北方地区主要生产茬口,该茬口利用日光温室保温性能好的优势,从事黄瓜越冬生产,生长期长,不仅产量高,且产品采收期主要瞄准元旦、春节等重要节日以及早春蔬菜淡季供应市场,因而生产效益也较好。越冬茬黄瓜一般在国庆前后播种,10 月下旬至 11 月上旬定植,元旦前开始上市,至第二年 6 月份供应市场。

☞ 74. 日光温室越冬茬黄瓜怎样进行整地与施基肥?

由于本茬口黄瓜生长期长，整地前应施足底肥。底肥种类应以有机肥为主，如腐熟牛粪、鸡粪等，另外，为提高肥效，也可适量施用磷酸二铵、硫酸钾等化学肥料。据我国各地黄瓜高产经验调查，本茬口底肥推荐施肥种类及施肥量为腐熟牛粪每 667 m^2 施 10 方、磷酸二铵每 667 m^2 施用 100 kg 及腐熟饼肥每 667 m^2 施用 200 kg。目前我国各地施用腐熟鸡粪或烘干鸡粪肥料作底肥较为普遍，但由于鸡粪中有效养分含量高，因此施用量不宜过大。一般情况下，腐熟鸡粪施用量每 667 m^2 施用不宜超过 5 方，而烘干鸡粪施用量每 667 m^2 则不宜超过 3 t。无论施用哪种有机肥作底肥，均需要注意的是，肥料施用前必须充分腐熟，通过腐熟一方面可以杀灭有机肥中的病虫源及杂草，另一方面还可以避免肥料施入土壤后进一步发酵、分解，导致土壤局部温度过高或氨气挥发而使黄瓜幼苗烧根或烧苗等。

底肥施用后必须将土壤深翻 40 cm，一方面是由于底肥施用量大，通过深翻，可以使肥料与土壤充分混拌，避免出现烧苗、烧根等问题，同时通过深翻还可以保证土壤疏松、透气，为嫁接苗根系生长创造良好的土壤环境条件。

为便于冬季日光温室浇水和降低空气湿度，栽培畦宽 1.4 m，每畦定植两行。栽培畦多采用大小沟做畦形式，即先培一高 15 cm、宽 60 cm 左右的垄畦，然后，再将垄畦的中间开挖一条深 7～8 cm、宽 25～30 cm 的小沟，使之形成两个小垄，且两小垄之间的沟较小，而两垄之间的沟较大(图 4)。这种做畦方法既有利于降低土壤水分蒸发和提高根际土壤温度，同时又有利于冬季灌溉。通过将垄畦上的两小垄及小沟进行地膜覆盖，可以减少土壤水分蒸发，严冬季节，当温室通风量较小时，有效降低了室内空气湿度，继而有利于减轻病害发生，同时秋季及春季，当环境条件适宜、田间需水量较大时，可以从大沟内灌水，而进入冬季，温度低、光照弱，田间需水量较小时则可以从地膜覆盖下的小沟内浇水，一方面可以防止因温室通风量不足而造成空气湿度过高，另一方面可以防止因浇水量过大而引起的土壤温度大幅度下降。

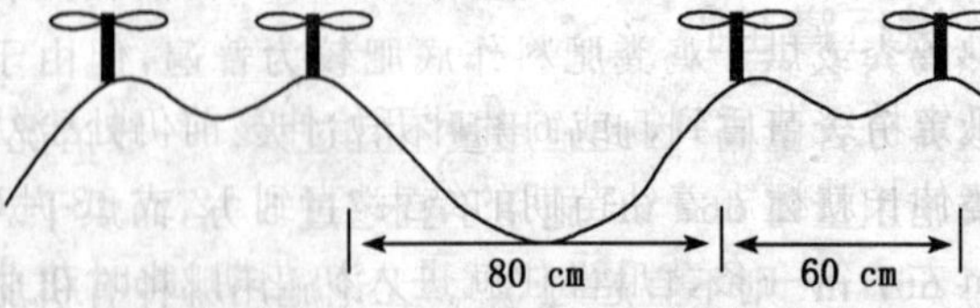

图 4 日光温室越冬茬黄瓜栽培畦形式示意图

75. 日光温室越冬茬黄瓜怎样定植?

(1)定植期

日光温室越冬茬黄瓜应根据苗龄状况确定适宜定植期。当嫁接苗 2 或 3 片真叶展开时应及时定植。苗龄过大，易于造成定植时伤根多，同时因光照强、水分蒸腾量大，易于造成缓苗困难，成活率下降。

(2)定植密度

因冬季日光温室内光照较弱，定植密度不宜过大，否则会因冬季田间植株相互遮阳而造成病虫害难以控制。从我国各地生产情况看，本茬口黄瓜株行距保持在(30～35) cm×(65～75) cm、田间群体每 667 m^2 栽 3 000～3 750 株较为适宜。

(3)定植方法

定植前一天或当天早晨，将嫁接苗床浇透水，然后带大土坨起苗，以减少伤根，同时需要注意的是，定植时不能将用于固定砧木和接穗的嫁接夹取下。栽苗不宜过深，切忌不可将嫁接伤口部位埋入土中，否则黄瓜接穗基部可以长出不定根而影响植株抗土传性病害能力。定植后大小沟内均需浇水，且水量宜充足，确保定植后垄上被水洇透。

76. 日光温室越冬茬黄瓜定植缓苗后为什么要进行蹲苗?

黄瓜定植缓苗后到 5 或 6 片叶开始伸蔓前仍处于幼苗期。茎蔓伸长就标志着幼苗期的结束，直到 12 或 13 片叶，株高 1 m 左右第一条黄瓜坐住就进入初花期，此时花芽继续分化，花数不断增加，是为结果期打基础的时期。缓苗后应以促根控秧(蹲苗)为主，适当地控制地上部的生长，以促进根系的扩展。因为进入结果期以后，根系分配到的同化物越来越少，如果前期不能形成强大的根系，后期生长缓慢，势必影响整个植株的发育。

具体管理方法是严格控制浇水，土壤不干不浇水。如果土壤及黄瓜植株出现缺水的症状，可在晴天的上午在畦上小沟内浇水，当天下午适当提早覆盖草帘，以后几天要加强通风排湿。白天温度超过 30℃从温室的顶棚放风，下午降到 20℃闭风。天气不好可提前闭风，一般气温降到 15℃开始覆盖草帘，遇到寒流时可在 17～18℃时覆盖草帘，前半夜保持 15℃以上，后半夜降到 11～13℃。早晨揭开草帘时温度降到 10℃。

77. 日光温室越冬茬黄瓜怎样进行植株调整？

(1)吊蔓与落蔓

温室黄瓜可利用温室骨架用塑料绳对黄瓜进行吊蔓。吊蔓后，将用于固定砧木与接穗的嫁接夹及时取下。吊蔓须及时，严防黄瓜植株的“龙头”下垂，影响光合效率和产量。生产上一般每3～5天就需要将黄瓜“龙头”向吊绳上牵引、盘绕一次。当黄瓜生长点接近于温室顶部薄膜或生长过高不便于生产管理操作时，可将固定于植株基部的塑料绳解开，然后在其上面4或5叶节处重新固定和吊蔓，并将基部茎蔓落下，盘绕放到地上。以后每当黄瓜生长至一定高度后都要重复吊蔓与落蔓过程。需要注意的是，落蔓后应保持植株生长点从温室栽培床前部向后逐渐提高，以保证植株受光均匀。同时将落到地面茎蔓上的叶片全部摘除，防止其腐烂和诱发病虫害。落蔓时应尽量避免使茎、蔓及上部叶片受伤或折断，为此，可在下午植株含水量较低，茎叶较柔软时进行落蔓。由于每次落蔓对于黄瓜生长均会造成一定程度的不利影响，因此落蔓不宜过于频繁，应尽可能利用温室空间使黄瓜茎蔓向上生长。

(2)打杈与疏叶

为保持植株长势，日光温室越冬春黄瓜一般不保留侧枝生长和结瓜。当植株侧枝出现后，应及时加以摘除。冬季及生长后期，对于植株下部的病、老、黄叶也应及时摘除，有利于改善通风透光条件，减轻病虫危害。

78. 日光温室越冬茬黄瓜冬季灌水为什么采取膜下沟灌的方法？

膜下沟灌是指冬春茬黄瓜从头年11月份至次年2月

份，在地膜覆盖两垄黄瓜中间支起地膜进行灌水的方法，称为膜下沟灌。

地膜覆盖具有较强的保水能力，采用膜下沟灌，从定植到缓苗，土壤含水量为25%，缓苗到结果初期含水量为20%左右，而这时处于蹲苗期，基本不浇水，因此，地膜具有较强的保水能力。同时地膜覆盖，减少水分蒸发，降低温室内的湿度，对减少病害的发生有很大的作用。在冬季采用膜下灌水，大行距不灌水，有力于提高地温，始终保持土壤疏松，透气好，有利于根系的生长，为丰产打下基础。

79. 日光温室越冬茬黄瓜温度管理应该怎样调控？

温室环境管理的原则是在保证温度要求的前提下尽量增加通风量、增加光照强度、延长光照时间，同时又要结合考虑黄瓜不同生长阶段的生长特点及外界环境状况而进行综合调控。

正常情况下，黄瓜生长以白天25～35℃、夜间14～18℃为宜，并力争白天适宜温度时间保持在4 h以上。当晚秋及早春外界环境条件适宜时，温室环境调控相对容易，草苫可早揭晚盖，并及时通风。但进入严冬季节，在外界气温很低、光照较弱的情况下，如何保证黄瓜生长发育对温度的要求是生产管理的关键。晴好天气时，温室内白天温度基本上均能达到25℃以上，但覆盖草苫后，温室完全处于散热状态，很容易导致夜间室内温度难以达到相应要求。为此，生产上可以通过提高白天室内气温、草苫晚揭早盖、室外加盖薄膜等措施来提高温室夜间保温能力。如许多黄瓜高产经验做法是，只要白天室内温度不超过40℃，温室就可以不通风。由于室内空气相对湿度高，即使温度偏高，但对于黄瓜生育不会造成较大影响。而通过室内气温的提高却可以使得温室墙体及土壤温度也相应升高，提高了其蓄热能力。夜间随着室内气温的降低，墙体和土壤中蓄积的热量可逐渐释放出来，对于缓解室内夜间气温降低可以起到重要作用。另外，严冬季节，温室夜间覆盖草苫后，其外侧还可再加盖一层薄膜，一方面可以降低温室前屋面传热系数，另一方面还可避免因雨雪浸湿草苫后造成导热系数增大，便于草苫揭盖。温室前屋面底脚处温度常显著低于栽培床中后部，可在室内前底脚处张挂裙膜提高保温效果。

温室草苫的揭盖原则是，晴好天气时，只要揭苫后不至于造成室内温度大幅度下降，早晨应该及时揭苫。下午草苫覆盖时间可根据室内夜间温度状况加以确定。当天下午盖苫时间过晚，会导致夜间温度不易保持，而盖苫时间过早，光照时间短，均会影响黄瓜生育。

有研究表明，理想的温室黄瓜温度管理是采用四段变温管理模式，即 9:00～14:00 时，是黄瓜光合作用最为旺盛时期，温度以 25～35℃最为适宜；14:00～17:00 时，黄瓜光合作用相应降低，而呼吸作用相对提高，温度以 20～22℃为宜。适当降低温度可有效降低养分的呼吸消耗。前半夜，温度以 18～15℃为宜，以利于植株体内养分向果实运转；后半夜温度可保持在 15～12℃，降低夜间养分呼吸消耗。日光温室室内温度尽管难以完全按照四段变温管理模式所要求的温度指标加以调控，但温度的昼夜变化趋势则基本上是与四段变温管理模式相符。

室内温度的调控还应该综合考虑黄瓜不同生长阶段的生长发育特点及外界气候状况加以考虑。定植初期，黄瓜尚未进入果实旺盛发育阶段，而从天气状况看，外界光照强、温度高，很容易导致植株徒长，因此生产管理的主要任务是防止室内温度过高，可以通过加大通风量及延长通风时间，适当提早揭苫和推迟盖苫等措施而加以实现。而进入翌年春季后，尽管黄瓜已经处于结瓜盛期，但由于外界光温条件逐渐改善，温室环境的调控仍将以通风、降温、降湿为主要目标。

80. 日光温室越冬茬黄瓜在“水口”上应该怎样管理？

黄瓜不同生育阶段需水量要求见图 5。

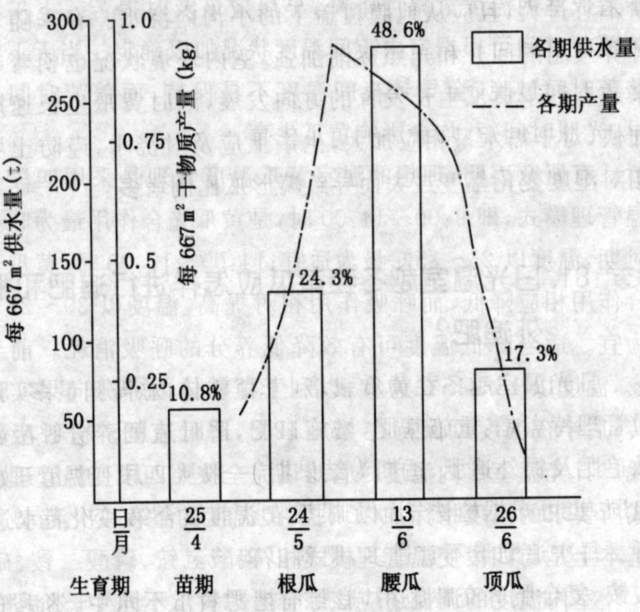

图 5 春黄瓜各生育期灌水量与产量的关系

（山东农学院，1979）

从总体看，随着植株生育进程的推移，其需水量相应增多。但在具体管理过程中还应根据黄瓜不同生长阶段的需水特点、温室内外环境条件状况等加以综合考虑。

定植缓苗时，可浇水促进缓苗，并结合浇水追施尿素或硫酸铵每 667 m^2 施用 10 kg。之后直至根瓜坐瓜前，应适当控水蹲苗，促使根系向深层土壤发展，提高对水肥吸收能力。当根瓜长 8～10 cm 时，应开始增加水肥供应，但随着外界温度和光照的逐渐下降，浇水在很大程度上要根据天气变化情况加以掌握，尤其是严冬季节，浇水应注意掌握"下午不浇上午浇，阴天不浇晴天浇"的原则，确保浇水后土壤温度的回升和温室能够及时通风、降湿。同时浇水时水量不宜过大，且应从地膜覆盖下的小沟内浇水。春季随着外界气温的回升和光照逐渐加强，室内环境状况也朝着越来越有利于黄瓜生长发育的方向发展，同时黄瓜生长速度加快，对于需水量相应加大，生产上应及时浇水，谨防土壤相对湿度变化幅度过大而导致畸形瓜比例增多。

☞ 81. 日光温室越冬茬黄瓜应怎样进行追肥和根外追肥？

日光温室越冬茬黄瓜栽培，生育期长，总需肥量多，肥力管理特点是：重施基肥，增施口肥，适时追肥。越冬茬黄瓜追肥及根外追肥，适期为结果期，一般从 2 月上中旬开始追肥，也可根据植株长势在根瓜收获前结合第一次灌水进行。每次追肥量不宜过多，肥料以碳酸氢铵、磷酸二铵、硝酸铵、复合肥等交替施用，追肥前把肥料溶于水中，然后随水追肥。切忌穴施，随后浇水，以免产生肥害。前期每次每 667 m^2 随水追肥量为 10～15 kg，灌水后把地膜盖严，每隔

20～30 天追 1 次，结果盛期每次每 667 m^2 追肥量为 15～20 kg。整个生育期追肥 10 次左右。

黄瓜根外追肥是指在黄瓜生育期，采用叶面喷施氮、磷、钾等多种元素及增产激素等的补肥方法。日光温室越冬茬黄瓜结瓜前期处于低温严寒的季节，根系吸收养分功能下降。因此在生产实践中菜农常常结合防病打药的同时在药液中按使用的倍数混进尿素、磷酸二铵、硫酸钾及其他的微肥进行叶面喷施，既起到防病的作用，又调节养分的平衡，使植株发育正常，达到增产的效果。

☞ 82. 日光温室越冬茬黄瓜怎样揭盖草苫？

日光温室越冬茬黄瓜温度调控主要通过揭盖草苫的早晚和放风来实现的。草苫应在保证温度的前提下早揭晚盖，以阳光照到温室前屋面，拉起草苫后室内温度不降低或稍微降低为准。在光照较好，天气特别冷时可早揭早盖草苫，但最早不得早于下午 3 时。阴雨雪天气，也要尽量揭开草苫，大风雪天气揭开草苫后室温明显下降时可不揭开草苫，但中午也要短时间揭开草苫，并随揭随放，让黄瓜见一见散射光。连续阴天，即使是室内温度下降也要揭开草苫，中午短时间放风。下午根据情况提前盖上草苫，连续阴天突然转晴时，切不要猛然全部拉开草苫，防止黄瓜突然见光萎蔫，应陆续间隔拉苫，中午阳光太强时可将草苫盖上，阳光稍弱时再揭开，使黄瓜逐渐见光适应。

☞ 83. 日光温室越冬茬黄瓜应怎样放风？

冬春茬黄瓜为排除室内湿度，有害气体和防止温度过高时，需要适当放风。但应注意在严寒的冬季，外面温度低，室内温度高，冷风直吹到瓜秧上，都容易使黄瓜受到冷害或冻害。所以冬季放风一般从顶部扒缝放顶风或膜筒放风，放风口下最好用一块塑料布阻挡一下直接侵入室内的冷空气。放风的大小，主要依据黄瓜温度管理指标和室内外温度的变化情况来决定放风口的大小及放风时间。黄瓜定植后为了加速缓苗，密闭保温不放风。缓苗后根据天气和室内温度情况决定放风时间的长短。春季气温回升，应加大放风量，可以放腰风。黄瓜对底风非常敏感，原则上不放底风，以防各种病菌传入室内，发生各种病害。

☞ 84. 何谓日光温室秋冬茬黄瓜?

日光温室秋冬茬黄瓜栽培，是以深秋和初冬供应市场为主要目标，一般在头年 8 月中旬至 9 月上旬播种，10 月上旬至元月供应市场。这茬黄瓜生产既要避开塑料大棚秋黄瓜的产量高峰，又要衔接日光温室越冬茬黄瓜的茬口安排。秋冬茬黄瓜是北方黄瓜周年供应的重要环节。

☞ 85. 日光温室秋冬茬黄瓜怎样定植和管理?

(1)适时播种、合理密植

秋冬茬黄瓜对于播种期要求相对严格。播种过早，高温、强光条件下常导致病毒病等发生严重，而播种过晚则随着后期温度下降使得田间适宜生长期短，产量低。我国北方大部分地区适宜播种期一般在 8 月中下旬。为避免因起苗、运苗、定植等过程引起伤根，生产上多采用直播栽培。如采用育苗移栽方法，则必须采用护根育苗措施，且苗龄不宜过大，2 或 3 片真叶展开前应及时定植。一般以穴盘育苗较为适宜。秋冬茬黄瓜适宜栽培密度为 50 000～55 000 株/hm^2。尽管生长前期温度及光照条件有利于黄瓜营养生长，但密度过大时，会导致冬季黄瓜生长后期田间郁闭而影响群体产量，同时不利于病害控制。

(2)及时覆盖草苫、合理调控温室环境

秋季当外界夜间气温下降到12℃左右时，温室应及时覆盖草苫，避免因天气突然变化造成室内温度大幅度降低。并依据黄瓜适宜温度要求合理揭盖草苫、通风等，尤其在进入冬季后，应注意加强温室保温管理。

(3)适时采收

秋冬茬黄瓜播种后50天即可进入采收期。生长前期环境条件较为适宜，瓜条采收期可适当延迟，但进入冬季后，环境条件不适造成植株生长速度慢，体内养分积累少，为防止瓜条养分消耗过多和促进其他果实发育，应适当及早采收。

86. 何谓日光温室早春茬黄瓜?

日光温室早春茬黄瓜栽培是指严寒的冬季在加温温室内育苗，或在温室内做温床进行育苗，所育的秧苗苗龄较大，育苗期较长，早春或晚冬温室内气温及地温开始回升已能满足黄瓜生育要求时定植，结果期在春季及初夏，始收期比塑料大棚春提前栽培的黄瓜要早得多，而拉秧时间与春提前黄瓜差不多的黄瓜栽培茬口。一般在1月份开始播种育苗，2月中下旬开始定植，3月下旬至4月上旬开始上市。在温暖地区或温室前期加温的可在12月上中旬播种育苗，1月下旬定植。

87. 日光温室早春茬黄瓜怎样育苗和管理?

(1)选用抗寒、耐高湿、生长势强的品种

日光温室冬春茬黄瓜定植初期室内温度低、光照弱是限制黄瓜生育及提早上市的主要因素。同时,由于通风量小,室内空气相对湿度大,易于诱发多种真菌性病害。因此,应注意选用抗寒、生长势强、耐高湿环境的品种。适宜品种有津春 3 号、津春 5 号、津杂 4 号、津优 2 号、中农 7 号、春香、碧春、农大 14 号、鲁黄瓜 4 号、鲁黄瓜 5 号、鲁黄瓜 6 号等。

(2)培育抗寒性强的大龄苗

为缩短幼苗定植至采收时间、提早上市、提高生产效益,要求定植苗龄宜大,应具有展开叶 4 或 5 片。同时,冬春茬黄瓜定植期仍处于冬末季节,常有弱光、低温环境相伴,为提高幼苗定植后对环境条件的适应性,定植前应充分进行抗寒锻炼。冬春茬黄瓜必须在保温条件较好的温室内育苗或采用电热温床育苗,苗龄 40 天左右。育苗方式可以采用地床育苗,也可采用营养钵育苗。

(3)高温焖棚、施足底肥、高垄栽培

黄瓜定植前,应将前茬作物尽早收获拉秧,然后将温室密闭,提高室内气温和土温。另外,日光温室常成为多种病虫害越冬场所,黄瓜定植前应使用化学药剂进行熏烟消毒处理,避免和减轻黄瓜定植后病虫危害。冬春茬黄瓜生长期相对较长,要求底肥施用充足,施肥后应将土壤深翻 25 cm 以上,然后起垄做畦,以加深耕层,改善土壤环境条件。垄畦做好后及时覆盖地膜,提高土壤温度。

(4)及早定植、合理密植

冬春茬黄瓜定植期一般在立春前后,其产品主要瞄准早春蔬菜供应淡季市场,因此在确保温室保温性能的前提下,适当提早定植有利于延长黄瓜田间适宜生长期、提早采收、提高生产效益。

尽管生长前期环境条件不利于黄瓜生育,但由于前期植株营养生长量小，不至于因定植过密造成田间相互遮阳严重。随着植株营养生长量的加大，外界气温和光照条件也相应随之改善，也不会造成田间郁蔽。因而，适度密植对于提高黄瓜早期产量和总产量都是有利的。本茬黄瓜定植密度一般可以达到每667 m^2 栽4 500～5 000株。

(5)加强生长前期温室保温管理

冬春茬黄瓜生长前期，温室内光照弱、温度低，应注意做好温室保温管理。除注意合理拉放草苫、保持棚膜清洁外，温室通风量宜小、通风时间宜短，尽量提高白天室内温度，促进早缓苗、早发棵，便于早熟、早收。

(6)合理整枝、及时落蔓

冬春茬黄瓜育苗期间温度低、光照弱，第一雌花节位低、雌花节比例高，但植株坐瓜过早，常造成坠秧而影响根茎叶等营养器官的生长，影响黄瓜总产量。因此，根瓜结瓜节位一般应选留在4或5叶节，而对于植株4或5叶节以下节位所形成的雌花应及早摘除。同时，及时摘除根瓜以下所有侧枝。根瓜坐瓜后，上部茎节处所形成的侧枝可在见瓜后留1片叶摘心。适当选留基部侧枝结瓜有利于提高黄瓜早期产量。

冬春茬黄瓜一般不打顶，否则总产量降低。当植株生长点生长接近于棚膜或高度不便于农事管理时，应及时落蔓。

(7)水肥供应一促到底、防止植株早衰

冬春茬黄瓜生长前期，由于室内昼夜温差大，尤其是夜间温度偏低，生产上很少出现徒长或疯秧现象，因而管理过程中不宜蹲苗。定植缓苗后，应及时追肥、浇水，但水肥供应可结合天气状况及土壤墒情合理掌握。生长前期，由于生长量相对较小，对于水肥需要量相对较少，同时为防止土壤温度大幅度降低，浇水时应注意“小水勤浇”。底肥充足的情况下，直到根瓜坐瓜前可以不追肥。而生长的中后期，随着光温的改善和植株生长量的加大，黄瓜对于水肥需要量大幅度增加，应加强水肥供应，以保持植株生长旺盛，防止早衰。

88. 何谓大棚春提早黄瓜

塑料大棚黄瓜春提早栽培技术是蔬菜设施栽培中发展应用最早的一种形式，并随着塑料大棚的发展应用，20 世纪 70～80 年代面积迅速扩大，成为黄瓜设施栽培中面积最大的一类。到了 20 世纪 80 年代后期至 90 年代，由于节能型日光温室的推广，黄瓜在不加温日光温室内越冬栽培获得成功，才使塑料大棚春早熟栽培独占鳌头的局面有所改变。由于黄瓜生育前期需要相对较低温度和短日照，后期需要高温、强光照，这一特性与春提早栽培大棚内的环境条件基本吻合，所以大棚春提早栽培能表现出明显的早熟、丰产优势，加上所需的保护设施建造成本低、效益高，故而在黄瓜的周年生产中仍占有重要地位。

塑料大棚春提早栽培的时间因栽培地区气候条件不同而异。华北地区塑料大棚的安全定植期一般在 3 月下旬，因此一般 2 月上旬于日光温室内育苗。长江流域、华东地区一般在 3 月中旬，越向南，其定植期也提早，而在高纬度地区，其安全定植期一般延迟到 4 月中下旬。据此来安排育苗，安排生产茬口。

89. 大棚春提早黄瓜如何育苗？

(1)品种选择

春早熟栽培中，黄瓜生长的前半期时值早春，外界气温低，光照偏弱，因此，应选用耐低温、弱光，适应性强、早熟、丰产、抗病的品种。目前应用较多的是新泰密刺（长春密刺），此外还有津杂1号、津杂2号、中农5号、农大12号、农大14号、农城2号、宁丰3号、杭青2号、华早1号、早丰1号等。

(2)培育优质壮苗

春早熟栽培黄瓜的育苗期在1月上中旬至2月上中旬，时值最寒冷的季节。黄瓜苗期要求温度较高，因此，育苗畦应具备良好的温度条件。一般在日光温室中或风障阳畦中进行。日光温室中的育苗畦上应加设小拱棚。如在一般塑料大棚中育苗，应设小拱棚，并于夜间在小拱棚外加盖草苫保温。即便如此，在寒流侵袭时，因低温烂种、死苗现象仍屡见不鲜。因此应多备种子，一旦失败可重新播种。有条件时，可采用电热温床育苗技术，用人工控制育苗床的温度。在1月份黄瓜育苗的电热加温功率密度为每米280～100 W即可。即电热加温线的线间距为10 cm，可保证外界气温为－15℃，育苗床内气温不低于15℃。

育苗的种子处理、营养土配制、播种等方法与黄瓜早春栽培育苗方法基本相同。

春早熟栽培黄瓜育苗期管理的关键是温度调节。在严寒的1～2月份，应采用一切可能的措施增温、保温。在育苗畦内应及时揭盖草苫，多吸收太阳能，增加温度。夜间应增加覆盖，改善保温性能，保证苗床有适宜的温度，防止冻、冷害的发生。

从播种到开始出苗，需要25～30℃的温度。如果苗床内连续数天低于10℃，则可能烂种，5～7天不出苗，就应检查后重新播种。

黄瓜出苗后，一般不浇水，防止浇水降低地温。如地面有干裂缝，可向苗床上撒两次细干土，以利保墒。幼苗开始出土，直到子叶展平期，苗床中除了注意保温外，还应控制适当低的温度。白天为20℃，夜间12～15℃。防止温度过高形成徒长苗。如果温度一直较低，在15～20℃间，则使黄瓜苗生长发育迟缓，形成僵化苗。如连续几天在5℃左右，则幼苗受冷害。当第一片真叶出现后应稍提高温度，白天为25～28℃，夜间15～16℃。在移栽前10天应适当降低苗床温度进行锻炼，白天20℃左右，夜间12～14℃。定植前3天，苗床温度继续降低，白天16～20℃，夜间8～10℃。以此来提高秧苗的抗寒性和适应能力，保证移栽的成活率。

黄瓜苗期要控制浇水次数，但要保持土壤湿润。干旱需浇水时，应在晴天上午进行，水量宜小，浇水后及时通风，降低空气湿度。在施足底肥的情况下，不必追肥。

移苗前壮苗的标准是：苗龄35～45天（电热温床育苗为35天，冷床为40～45天），子叶绿色，厚实肥大，叶缘稍向上卷，向斜上方向生长。秧苗矮壮，高10～13 cm，节间短，茎粗0.5 cm左右。茎节不是直立生长，而是略带“之”字形弯曲生长，茎上棱角明显，幼苗三至四叶一心，叶片水平方向伸展，肥厚，色浓绿，无病虫害。为防止定植后幼苗病害发生，可在定植前苗床内喷1次广谱性杀菌剂，一般为800～1 000倍多菌灵，带药定植。

☞ 90. 大棚春提早黄瓜怎样定植？

大棚春早熟栽培黄瓜的定植期因当地的气候条件而异。但其基本原则是：大棚内10 cm深处的地温稳定在12℃以上，夜间气温在5℃以上时，均可定植。定植过早，地温太低，影响缓苗，或幼苗受冷、冻害的风险加大。定植过晚，则上市期延后，影响了经济效益。华北及长江中下游地区从2月中下旬至3月中下旬均可定植。

春早熟栽培中，密度以每667 m^2 栽4 000株为宜。单行栽植株行距是17 cm×100 cm；双行栽培时宽行行距100 cm，窄行行距40 cm，株距20 cm。定植应选晴头寒尾的晴天进行，争取定植后有数日的晴天，使棚内有较高的温度、光照，以利缓苗。定植在上午进行完毕，下午闭棚膜提高温度。

定植前进行分苗，大苗定植在温度条件较低的地方。小苗定植在温度条件较高的地方，这样使全棚生长均匀一致，便于管理。

春早熟栽培黄瓜定植前，必须进行深翻，并施入充分腐熟的有机肥，每667 m^2 施入有机肥量以5 000～7 000 kg为宜，土壤耕翻深度以40 cm为宜，对冬闲棚在定植前15～20天扣严棚膜，尽量提高大棚内的温度。

做畦方式视各地具体情况各异。南方地区雨水充足，地下水位高，棚内湿度大，一般采用高畦地膜覆盖栽培方式。北方地区干旱，地下水位低，为保证黄瓜生育盛期对水分的需求，一般采用平畦栽培，但也有些地区为提高早期地温，采用小高畦地膜覆盖方式，但畦高一般以10 cm左右为宜，不宜超过15 cm，防止后期水分供应不足。

91. 怎样进行大棚春提早黄瓜的田间管理？

(1)缓苗期的管理

定植后浇足定植水，可不必再浇缓苗水。高畦栽培的水渗下后封沟起垄，立即覆盖地膜。

定植当天即在畦上插上小拱棚，扣上两层膜，尽量提高温度。定植7天内，白天不超过38℃不用放风，保持白天30～35℃，夜间15℃。地温可高于气温2℃左右。春早熟栽培的缓苗期在2月中下旬至3月中下旬，在华北地区的晴天，在塑料大棚内基本可以达到上述温度。但是在寒流侵袭时，还有冻害的可能。因此，应及时采用增加覆盖物等保持适宜的温度。

(2)根瓜采收前的管理

缓苗后到根瓜采收前为初花期。此期以促进根系发育，控制地上部徒长，为结果打下基础的管理为主。此时正值甩蔓期，是植株由营养生长转向生殖生长的转化时期。如果水肥过多，温度过高，极易造成徒长、枝叶茂盛、根瓜化瓜，降低了早熟性；如果控制水肥过度，加上低温条件，则促进生殖生长，严重抑制营养生长，形成"瓜打顶"现象。在管理中应调整植株长秧和结瓜的关系。

定植7～10天后开始松土，至结瓜前中耕松土2或3次，以提高地温，促进根系发育。大棚内的温度适当降低至白天25～30℃，超过30℃即放风，午后棚温降至25℃即闭风，夜间保持10～15℃。

定植后浇水宜少且小。如定植期较早，外界气温低，土壤蒸发量小，在定植水充足的情况下，缓苗后可不浇水，以中耕松土保墒为主。反之可开小沟浇小水，待表土稍干，立即中耕松土，进行蹲苗。蹲苗期不浇水，不追肥，促进根系向下生长，控制茎叶生长，以利开花坐瓜。

待根瓜坐住开始发育后，蹲苗结束。此期植株耗水量渐大，应及时浇1次水。结合浇水每667 m^2施腐熟的人尿粪500～700 kg或复合肥15～20 kg。

瓜蔓开始伸长，蔓长25～30 cm时，即插架绑蔓。绑蔓方法与春露地栽培相同。在绑蔓的同时，要随时掐去卷须，摘除雄花，摘除 10 叶以下的侧蔓，以集中养分长好主蔓，促进结瓜。

在 3 月份气温变化无常，除注意低温冻害外，还应防止晴天中午 40℃以上的高温造成灼伤。中午一定要进行通风降温。

(3)结瓜期管理

从根瓜开始采收至拉秧为结瓜期。大部分地区在 4 月份以后，此期外界气温日渐升高，当外界白天气温在 25℃以上时，掀开塑料薄膜进行大通风。在 4～5 月上中旬，外界温度略低于黄瓜的生理要求，只要合理的掀盖塑料薄膜进行通风，可以很容易的使大棚内的温度保持在白天 30℃左右，夜间 18～20℃。此期黄瓜生长旺盛，产量很高。5 月中下旬后，当外界白天气温在 25℃以上，夜间稳定在 18℃以上时，即可撤去棚膜，转入露地栽培。在南方多雨地区，可撤除裙膜，保留顶膜，进行防雨栽培。

黄瓜盛瓜期前期即长秧又结瓜，相互争夺养分，须及时进行调节，平衡植株生长与结瓜的关系。调节植株生长的重要措施是整枝、绑蔓。当植株叶片过大，龙头肥大向上，开始化瓜时，表明生长过旺，绑蔓时将蔓向下压，使秧蔓近水平伸长，抑制生长。当瓜条过多，龙头变小，生长势减弱时，要直立绑蔓，促进生长。当主茎长到距棚顶 30 cm 左右时，要及时打顶，促进下部发生侧枝，多结回头瓜。侧蔓结瓜时，每蔓只留一瓜，瓜前留 2 叶摘心。

后期瓜叶密集，影响通风透光。可将 45 天以上叶龄的老叶、黄叶、病叶打去，改善光照条件，防止病虫害的发生。打老叶时，一次只可打去 1 或 2 片叶，陆续进行，不可贪多，削弱植株生长势。

结瓜盛期可在根部培土，促进不定根发生。此时不宜松土，以免伤根。

结瓜盛期前期每3～5天浇1次水，后期需水量大，气温高，蒸发量也大，一般1或2天浇1次水。总之，结瓜盛期应保持土壤湿润，土壤相对含水量在80%～85%为宜。浇水应注意时间，初春时，阴天、下午、晚上及温度正高的中午前后不宜浇水。浇水需在采瓜前进行，避免采瓜后浇水把一些尚未坐住的瓜顶掉。采收前浇水还有利于黄瓜增重和鲜嫩的作用。

结瓜盛期需要大量肥料供应，才能保证高产的需要。从根瓜坐住后每10～15天追1次肥。前2或3次追肥，可随水冲施腐熟的人粪尿每次每667 m^2 施5～7 t。后期要随水冲施复合肥每次每667 m^2 施15～20 kg。有条件时根外追施0.2%磷酸二氢钾或0.1%尿素3或4次。追肥时应观察植株的形态，如果瓜秧瘦小、龙头小、顶叶色淡黄、卷须细、瓜条生长慢、叶薄且叶色浅，则表明缺肥，应及时追肥。如果龙头黑绿色，叶片发皱，叶片烧条，根系黄褐色，表明肥量过多、过浓，不仅不能追肥，还应及时灌水，降低土壤溶液浓度。

(4)结瓜延后期管理

进入结瓜后期，植株接近衰老。此时已是6月份，天气温暖，可逐渐做到昼夜放风，陆续撤除塑料薄膜。在温度很高的地区，可保留塑料薄膜，大棚四周大通风，利用顶膜进行遮阳、遮雨栽培。

结瓜延后期的管理有两种不同的方式：

一是在露地黄瓜大量上市，春早熟黄瓜失去竞争力的情况下，宜迅速拉秧腾地。在管理上要适当少浇水，控制茎叶生长，促使养分回流发生新根和雌花的形成。多结回头瓜。肥料供给应以钾肥为主，适当补氮，6 月中下旬拉秧。

二是市场上黄瓜价格较高，春早熟黄瓜上市仍有可观的经济效益时，还应加强管理，尽量提高后期产量。同结瓜盛期一样进行浇水追肥，增施氮肥。为了增加叶面营养，减轻霜霉病，可经常根外追肥，喷 0.2%磷酸二氢钾加 0.1%尿素，再加入 1%蔗糖。采用一次深中施肥法，促进根系更新。在秧蔓基部空裸后，可用缩秧法，即解除绑缚物，把下部空秧埋入土中，使其产生不定根，促进植株重新生长结果。也可在植株中部留出一个侧蔓，后期摘除主蔓，用侧蔓代替主蔓结瓜。采取上述措施后，可使植株出现后期的结果盛期，直至 7 月下旬拉秧。

(5)采收

在春早熟栽培中，采收上市越早，价格越高，因此，应适期早收。采收均应在早晨进行，一来夜间增重较快，二来早晨湿度大，可保持鲜嫩状态。结瓜盛期应天天采收。

☞ 92. 何谓大棚秋延后黄瓜？

塑料大棚黄瓜秋延后栽培，就是在深秋季节，露地黄瓜已经不能生长时利用大棚的保温防霜性能继续生产黄瓜，延长黄瓜在市场上的供应期的黄瓜栽培形式。一般在 7 月上旬至 8 月上旬播种，7 月下旬至 8 月下旬定植，9 月上旬至 11 月下旬上市。

☞ 93. 大棚秋延后黄瓜如何育苗？

(1)品种选择

黄瓜秋延迟栽培中，前期温度高，后期温度低，所以选用的品种要耐热抗寒、生长势强、抗病力强。秋冬季市场规律，一般是上市越晚，经济效益越高，所以中后期产量高的品种才能取得较高的经济效益。后期采收的产品如能短期储藏保鲜，延长供应时间则价格更高，所以要求品种有一定的储藏性。当然，根据市场要求的外观形态选用品种也是非常必要的。根据上述要求，目前常用的品种有津杂1号、津杂2号、津研4号、津研7号、中农1101、秋棚1号等。

(2)培育壮苗

秋延迟栽培黄瓜的播种方式有两种：一是直播法。这种方法由于不移栽不伤根，土传病害较轻，秧苗生长良好，长势较强。其缺点是用种量较大，苗期管理难度大。如果棚内温度高，秧苗易发生徒长，根量也较少。二是育苗移栽法。育苗移栽时秧苗集中，便于集中管理和进行遮雨、遮阳，秧苗健壮、根系发达，节省用种。缺点是移栽时伤根，易诱发土传病害。

①直播法：播种前浸种催芽，方法同越冬栽培。栽培地要深翻，每667 m^2 施入腐熟有机肥3 000～5 000 kg后耙平，做成1.0～1.2 m宽的平畦，或60～70 cm宽的小高畦。按50～60 cm的行距开3 cm深、5～6 cm宽的小沟，然后把已发芽的种子点播。每9～10 cm点1粒种子。播后覆土1.5 cm，约3天后出苗。如果墒情不足，出苗前要灌水催苗，苗出齐后，至2片真叶时定苗。

②育苗移栽法：育苗畦可建在塑料大棚、温室内，利用原来的旧塑料薄膜遮雨、遮阳，以降低苗床温度和光照强度，并防止大雨拍苗。如在露地育苗，应在苗床上搭建小拱棚，上扣旧塑料薄膜，或覆盖遮阳网，以遮光、挡雨、降温，以此防止病毒等病害的流行。

育苗畦每667 m^2 施腐熟的有机肥2 000 kg，浅翻15 cm耙平，做成宽1.0～1.2 m的平畦或小高畦。

播前种子先浸种催芽。芽出后，苗床灌足水，水渗下后，用长刀按 10 cm×10 cm 的株行距划成方块。然后在每方块中央点一粒种子，上覆细土 2 cm。

在老菜区，一般用营养钵育苗，方法详见育苗部分。

③苗期管理：秋延迟栽培育苗期正值初秋高温、多雨季节，在管理中应注意适当降温、降低光照强度，保持湿度，防止大雨拍苗，中耕除草，防止徒长等问题。通过塑料薄膜或遮阳网遮光降温，可使光照强度减弱 50%左右。育苗畦四周应大通风，勤灌水。灌水应在早晚进行，勤灌少量为原则，保持土壤湿润。每 5～7 天中耕除草 1 次，既保持土壤疏松，又及时消灭杂草。在幼苗 1 或 2 片真叶展开时，喷 100 mg/kg 乙烯利抑制幼苗徒长，促进雌花形成，7 天后再喷 1 次。

④壮苗标准：待苗龄 20 天左右，幼苗无病虫害，具有 2 或 3 片真叶，8～10 cm 高，茎粗 0.6 cm 以上，叶片厚而浓绿，子叶绿而齐全，根系发达时即可定植，具有上述素质的幼苗即为壮苗。

94. 大棚秋延后黄瓜如何定植？

栽培地前茬应避免与瓜类作物重茬，定植前 10～15 天清除前茬的残株落叶，拔除杂草。如果大棚已扣上塑料薄膜时可密闭薄膜，用硫磺粉进行 1 次熏蒸消毒。每 667 m^2 施 5 t 腐熟的有机肥，深翻，耙平，做成 1.2 m 宽的平畦，或 60 cm 行距的小高垄。

定植时，把苗切成土坨，尽量防止伤根。苗坨按株行距摆入定植沟中，培土稳坨，然后灌水。

定植时间易在早上或傍晚进行，或在阴天光照不强时进行，防止强光照射，温度过高，致使秧苗失水萎蔫，影响成活率。

合理密植是秋延迟栽培丰产的重要措施之一。过密会影响通风透光，易徒长和感染病害；过稀则因生长期短，不能充分利用土地，影响产量和产值。由于生长期短，后期生长缓慢，密度应稍大些。每 667 m^2 栽 5 000 株左右，株距为 20～25 cm，行距 50～60 cm。

95. 怎样进行大棚秋延后黄瓜的田间管理？

(1)定苗移栽

直播的黄瓜，在出苗后立即细致松土。真叶展开后间苗，2 片真叶时定苗。发现缺苗、病苗、畸形苗、弱苗时，应挖密处的健苗补栽。

(2)喷乙烯利

育苗移栽的秧苗，苗期已喷过乙烯利，定植后就不必再喷了。直播的黄瓜因苗期温度高，易发生徒长现象，雌花的节位提高，数量也少。因此在 2 片真叶展开后，喷 100～150 mg/kg 的乙烯利 1 次。在 4 片真叶时喷 1 次。喷布时间应在午后 3～4 时，喷后要及时浇水。

(3)温度和湿度的管理

结瓜前期，外界温度尚高，塑料大棚内的温度更高。因此，应把大棚四周的塑料薄膜全部揭开，只留顶部的塑料薄膜，进行大通风，这样一方面可以降低温度，顶部的塑料薄膜又能够减少太阳光强度，防止大雨拍苗。尽量使棚内的温度白天为 25～28℃，夜间为 13～17℃。此期还应及时中耕松土，降低土壤和空气中的湿度，防止病害的发生。

结瓜盛期自 9 月中下旬至 10 月中下旬，此期外界温度稍低，只要合理地扣严塑料薄膜和通风，可以使棚内的温度完全适合黄瓜的生长要求。白天保持25～30℃，夜间13～15℃。当外界夜温低于13℃时，要关闭通风口。但在晴朗无风的夜间，棚膜上要留一条10 cm宽的小缝通风，以排除湿气，减轻霜霉病等病害发生。

华北地区在10月中下旬后，外界气温急剧下降，出现霜冻后，气温有时在冰点以下。此期应做防霜防冻保温工作。夜间扣严塑料薄膜，保证夜间最低温度在12℃以上。

在11月份，随着外界温度降低，棚内的温度也越来越低，此时环境管理重点是，应采取一切措施保持温度。当室内夜间温度降到10℃左右时，为延长供应期，可落架保存。即把绑缚物解除，去掉支架，把黄瓜落秧均匀摆放在地面上，插上小拱棚，小拱棚上夜间再加盖草苫子保温，防止冻害。待小拱棚内夜间气温降至5℃时，可全部拉秧上市。

10月中下旬至拉秧，这一时期要逐渐减少通风时间，以保持温度为主。但是中午还要进行短期的通风，以补充二氧化碳和排除设施内的湿气，防止病害的发生。

(4)肥水管理

秋延迟栽培中，黄瓜结果前应控制灌水。在无雨的情况下，每3～5天灌1次水，保持土壤间干间湿，并减少氮肥用量，增施磷、钾肥，或采用0.2%磷酸二氢钾根外追肥2～3次，以此来防止植株徒长，促进开花坐瓜。在插架前可进行一次追肥，每667 m^2 施腐熟的人粪尿5 t。灌水后插架。进入盛瓜期后水肥要充足，以保证黄瓜生长发育的需要。但此期约在10月份，外界气温渐低，蒸发量渐小，所以浇水间隔时间并不缩短，仍为3～5天1次水，以保持土壤湿润为度。每10～15天追1次肥，每次每667 m^2 施15 kg复合肥，共追2或3次。进入11月份，气温很低，黄瓜需水量减少，应减少浇水次数，只要土壤不干燥就不用浇水。一般全月浇 2 或 3 次水。遇连阴天、光照弱时，可用 0.1% 硼酸溶液喷洒，有防止化瓜的作用。

(5)中耕与植株调整

秋延迟栽培定植后初期杂草较多，应及时中耕除草。从定植到根瓜坐瓜可松 3 次土，以使土壤疏松，减少灌水次数，以利控制植株徒长，促进根系发育。根瓜坐住后即不用中耕。

秋延迟栽培的黄瓜易徒长，坐瓜节位高，应及时上架和绑蔓。

秋延迟栽培的品种易产生侧蔓，可以利用侧蔓增加后期产量。盛果期侧蔓如有雌花，可在其上留两叶摘心。侧蔓太多、瓜蔓太密时，要摘除一部分无雌花的侧蔓和生长较弱的侧蔓。当植株长到 25 片叶时，龙头距棚顶 30 cm 左右时，及时打顶摘心，促进回头瓜生长。

(6)采收

根瓜应适期早收，以防赘秧，影响以后的花坐瓜和生长。在结瓜前期，温度、光照条件较好，黄瓜生长旺盛，产量较高。此期露地黄瓜上市量较大，价格低而平稳，故应尽量早采收，增加采收频率，提高产量。结瓜后期，天气转冷，光照减弱，黄瓜生长缓慢，产量下降。露地黄瓜拉秧，市场价格逐日上升。此期应降低采收频率，适当晚采收，保持一部分生长正常的黄瓜延迟采收，以获得更高的经济效益。

☞ 96. 黄瓜缺少氮、磷、钾、钙、镁各有什么主要症状？应采取什么补救措施？

(1)缺氮

氮素是促进茎叶生长发育及保证结瓜的主要元素。缺氮的主要症状是:初期缺氮叶片生长缓慢,叶色变淡,叶脉尤甚。严重时叶片分布有黄绿相间的斑块或叶片失绿,茎蔓细而坚硬,易出现尖嘴瓜,瓜淡绿,品质差。氮素缺乏常引起黄瓜严重减产。一般情况下,温室土壤肥力及施肥水平不会造成缺氮现象,但遇有下列情况往往会出现缺氮现象:一是温室建在漏肥沙地及新开垦的地,二是土壤中施入大量未腐熟的有机肥或农家肥,速效氮分解被急速繁殖的微生物夺走,或是在雨季施肥被雨水冲走也易导致缺氮。

补救措施　在充分施有机肥的基础上,合理追施尿素、硝酸铵等含氮的化肥。也可根据生育状况进行叶面追肥,喷施300～500倍尿素,或尿素、白糖、水比为1∶1∶(300～400)倍混合喷施。

(2)缺磷

磷可促进根系生长,对花芽分化、果实和种子的正常发育效果明显。缺磷植株茎秆纤细、木质化、生长缓慢,新叶背面略带紫色。有时老叶上先出现油渍状斑块,后变为棕黄色病死斑。须根不发达,坐果期、收获期均延迟。缺磷常发生在多年连作而又不注意增施磷肥的酸性土壤中。地势低洼、地下水位低、排水不良也能出现缺磷现象。

补救措施　生产上在普施有机肥的基础上每667 m^2撒施过磷酸钙50～100 kg,追肥时要随水追施磷酸铵及氮磷复合肥,同时还可以叶面喷施0.2%～0.3%磷酸二氢钾溶液。

(3)缺钾

钾俗称品质元素,能使植株健壮生长,提高抗病能力。因黄瓜需钾较多,钾又易淋失,若土壤施钾不足则易发生缺钾现象。虽然黄瓜缺钾现象并不普遍,但一旦缺乏,则生长减弱,抗性变差,易感染各种病害。植株缺钾首先表现在老叶上，叶缘干枯，叶脉间变黄，节间变短，新叶较小，因营养不良常导致大肚瓜。

补救措施　多施有机肥，在基肥中混入草木灰、硝酸钾以弥补钾的不足，同时可以采用叶面喷施0.2%～0.3%磷酸二氢钾或1%的草木灰浸出液。

(4)缺钙

缺钙多发生在土壤盐分高及多年施用不含钙肥、有机肥不足的地块。缺钙的叶片会出现镶金边。缺钙典型性状是顶叶黄化，下部老叶仍为绿色。黄瓜缺钙幼叶叶缘和叶脉间呈白色透明腐烂斑点。嫩叶向上卷曲，老叶向下弯曲，植株矮化，节间短，花小呈黄白色，果实为尖嘴瓜。

补救措施　严格控制氮肥过量，注意磷钾肥配合使用，改善土壤环境条件，深耕，多施有机肥。可叶面喷施0.7%的氯化钙加0.005%生长素补钙。

(5)缺镁

缺镁多发生在连作地块及沙壤土中。缺镁的主要症状从老叶向幼叶发展，最终扩展到全株，叶脉间叶肉失绿，并从叶脉向叶中央发展。有时黄化叶片上有大块枯死斑，但叶脉仍为绿色，叶片变厚且易破碎。

补救措施　增施有机肥，使用化肥按照黄瓜的需肥特点和比例配合施用。在出现缺镁症状初期采用叶面喷洒或施用硫酸镁即可缓解。

☞ 97. 黄瓜缺少硼、硫、铁、锰、锌、铜各有什么主要症状？如何补救？

(1)缺硼

缺硼现象最常出现在湿润地区的浅色沙土或粉沙壤土

中。此外过量施入石灰或干旱年份也易缺硼。黄瓜缺硼的典型性状是根系不发达，生长点停止生长，叶缘向上卷曲，展开慢。

补救措施　在增施有机肥的基础上，对缺硼的地块每 667 m^2 施入硼砂 0.5～1.5 kg，或叶面喷洒 0.1%～0.2% 的硼砂液 2 或 3 次。

(2)缺硫

黄瓜缺硫的主要症状是生长后抑制，叶片变小，叶缘有明显的锯齿状。与缺氮比较老叶黄化明显。出现缺硫症状及时向叶面喷施微肥即可补救。

(3)缺铁

缺铁常发生在沙土、石灰性土壤及 pH 值较高的盐碱土。缺铁的典型性状为叶脉绿色，叶肉黄色，逐渐呈柠檬黄色至白色，芽生长停止，叶缘坏死完全失绿。防治的方法：首先应增施有机肥，提高土壤中铁的有效性，碱性土壤中可施生理酸性肥料，缓冲土壤碱性，其次每 667 m^2 施入 0.5 kg 的硫酸亚铁或 EDTA 铁盐 1 kg。也可叶面喷施 0.5%～0.8%硫酸亚铁或 EDTA 铁盐 1 或 2 次。

(4)缺锰

缺锰一般发生在 pH 值过高或石灰性土壤中及保水性差的酸性沙壤土中。主要症状是植株顶部及幼叶叶脉间失绿呈浅黄色斑纹，初期末梢仍保持绿色，使之出现明显的网纹状，后期除主脉外全部叶片均呈黄白色，并在脉间出现下陷坏死斑。老叶白化最重，并最先枯死，芽的生长严重受阻。可每 667 m^2 施硫酸锰 2 kg 作为底肥，也可叶面喷施 0.1%的硫酸锰或绿化锰来防治。

(5)缺锌

缺锌一般发生在 pH 值大于 6.5 或含磷量较高的土壤

中。缺锌后嫩叶生长不正常，芽呈丛生状，生长受到抑制。可每 667 m^2 施硫酸锌 1～2 kg，或叶面喷施 0.2%硫酸锌来防治。

(6)缺铜

缺铜多发生在黏质重和富含有机质的土壤中。缺铜的主要症状是植株节间短，全株呈丛生状，幼叶小，老叶脉间出现失绿现象。失绿是从老叶向幼叶发展，可每 667 m^2 施硫酸铜 1～2 kg 作底肥，也可叶面喷施 0.1%的硫酸铜来防治。

附：黄瓜营养诊断检索表

上位叶

全叶黄化：叶脉间黄白化…………………… 缺铁
　　　　　黄化夹杂淡绿色………………… 缺硫
叶缘枯死：叶脉间黄白化…………………… 氨过剩
　　　　　叶缘变黄褐色…………………… 缺钙
　　　　　心叶停止生长，缩小弯曲 …… 螨类危害
　　　　　部分变褐萎缩…………………… 缺硼
花 叶 状：颜色深淡不一的花叶 ………… 花叶病
　　　　　从潮湿变褐(黑粉状) ………… 黑腥病
萎 蔫：全叶萎蔫 ………………………… 蔓割病
　　　　萎蔫枯死 ………………………… 疫病

中位叶

叶脉间变色：叶缘绿，叶脉搏间黄化 …… 缺镁
　　　　　　叶脉间黄化，叶缘黄褐 …… 缺锌
　　　　　　叶脉间黄绿色小斑点……… 黄化病
叶脉间病斑：多角状小斑点………………… 斑点细菌病
　　　　　　叶脉周围成不规则形病斑 … 霜霉病
　　　　　　黄褐色圆形小斑点………… 炭疽病

叶缘枯死：从叶缘开始变黄褐色 ……… 缺钾

下位叶

叶缘异常：叶缘黄白化(叶缘边缘) …… 缺硼

主叶脉异常：黄褐色斑点…………………… 锰过剩

主叶脉呈爪形淡褐色……… 蔓枯病

叶脉间黄化：叶缘绿，叶脉间黄化 …………… 缺镁茎

全叶黄化：茎变灰褐色 ……………… 蔓枯病

茎干枯有白霜 ……………… 蔓割病

水浸状，软化……………… 疫病

黄 褐 色：暗褐色水浸状软化 ………… 疫病

☞ 98. 日光温室怎样预防风害？

日光温室的风害虽然明显比塑料大棚轻，但在修建质量差的温室，但在修建质量差的温室或大风频繁的地区也经常出现。塑料日光温室的风害主要表现在两个方面：一是温室骨架倒塌，二是棚膜鼓毁上天。

(1)骨架倒塌及预防

日光温室后坡骨架不仅要承受上面覆盖物及草苫等重物的自身压力，同时还要经受住大风的鼓动。如果中柱支撑力不够，或者向北倾斜的角度不够，在大风天，当风吹进温室后，很容易造成中柱折断或向前倾斜，从而造成后坡坍塌。温室发生这种情况不仅砸坏秧苗，同时由于冷风侵入而冻伤秧苗。建造温室时应严把材料标准关和建造质量关。

(2)棚膜鼓毁上天及预防

日光温室棚膜上天易在以下情况下发生：一是阵风过强，棚膜上裂口或者是通风口没来得及关闭易发生。二是

大风持续时间过长，使棚膜在拱架上不停地拍打，造成破口，大风吹进时易发生。风鼓膜通常在刮北风时易发生。预防的方法有：一是压膜线要拉紧，二是棚膜有破损部位要及时修补，三是要注意天气预报，根据天气情况做好相应的准备。

☞ 99. 怎样预防低温冷害？

［症状］　黄瓜遇到低温，表现出多种症状，轻微者叶片组织虽未坏死但呈黄白色。低温持续时间较长，多不表现局部症状，往往不发根或花芽不分化，有的可导致弱寄生物侵染，较重的引致外叶枯死或部分真叶枯死，严重的植株呈水浸状，后干枯死亡。

［病因］　低温是黄瓜早春或晚秋受冻的重要因素，尤其是寒流侵袭或突然降温或降雨，会出现上述症状。冰点以上的低温称为寒害，南方易发生寒害。低温达到使植物体发生冰冻，或霜后植物体内水分结冰，这种低温称为冻害，北方多。

寒害的发生因寄主不同而异，黄瓜耐寒力弱，0～10℃就会受害，低于 3～5℃生理机能出现障碍，造成伤害，试验表明黄瓜根毛原生质 10～12℃即停止流动，尤其湿冷比干冷为害更大。低温时，根细胞原生质流动缓慢，细胞渗透压降低，造成水分供求不平衡，植株受到冻害。温度低到冻解状态时，细胞间隙的水分结冰，使细胞原生质的水分析出，冰块逐渐加大，致细胞脱水，或使细胞涨破而死亡。

［防治方法］

①农艺措施，如选用农大 12 号、农大 14 号，北京小刺等耐低温能力较强的品种。采用生物技术培育耐低温品

种，对幼苗进行低温锻炼，可明显提高黄瓜的抗低温能力。黄瓜对低温忍耐力是生理适应过程，原生质胶体黏性提高，酶活性增强向耐寒方向发展，因此育苗期定植前低温锻炼十分重要。选择晴天定植，霜冻前浇小水。采用地面覆盖或植株上用报纸、无纺布、遮阳网等进行浮面覆盖。如果浮面覆盖与地膜同时覆盖效果更好。棚室四周围草帘子，熏烟或临时补温。

②化学处理，如喷洒链霉素 500 μL/L，可使冰核细菌数量明显减少，是预防霜冰方法之一，也可以加些糖一起喷。

③喷洒 27%高脂膜乳剂 80～100 倍液，或农一清液肥每 667 m^2 500 g 对水 50～150 倍液或绿风 95 植物生长调节剂 800 倍液。

④冻后解救措施　特别注意冻后缓慢升温，日出后用报纸或无纺布、遮阳网遮光，使黄瓜生理机能慢慢恢复，千万不可操之过急。

100. 日光温室冬季栽培黄瓜遇连续阴雪天骤晴如何处理？

由于我国各地所兴建的日光温室大多不具备加温条件，因而室内温、光状况几乎完全依赖于外界光照条件的变化而变化。尽管我国北方大部分地区冬季光照资源充足，但个别年份也经常有连阴天出现。短时间的阴雪天气，对于黄瓜生产的危害性较易于克服，但一旦出现连续阴雪天气，常会给日光温室黄瓜冬季生产构成巨大威胁。正如我国许多瓜农所描述的，日光温室黄瓜冬季生产“不怕天气冷，就怕连阴天”。因而，连阴天被视为我国日光温室黄瓜生产上的灾害性天气。生产上一旦出现连阴天时，应特别注意做好以下几方面的工作：

(1)阴霾天气也应揭苫

阴霾天气情况下尽管光照相对较弱，即便是揭苫后室内温度有所降低，但温室也应当揭苫，只是草苫可以适当晚揭早盖，以便于让黄瓜接受散射光。此时尽管光合效率很低，但有限的光合产物对于维持黄瓜植株度过逆境条件却具有重要作用。生产上因担心揭苫后室内温度下降而在白天将温室草苫完全覆盖的做法是错误的。

(2)适当增加叶片喷肥

连阴天条件下，不仅室内气温低，同时土壤温度也相应下降，使根系吸收水肥能力很差。为减轻逆境危害，可以通过叶面喷肥方法，增加地上部养分供应从而提高植株长势及抗逆能力。喷肥种类除各种市售商品叶面肥外，也可以喷施 0.3%～0.5%磷酸二氢钾、蔗糖溶液等。此外，根据很多瓜农的经验，叶面喷洒 0.3%左右的盐水或发酵的奶粉等也可以提高黄瓜植株抗寒性。

(3)补充光照

根据许多瓜农经验，连阴天时，于温室内每 10 m 左右的距离增挂一盏 100 W 左右的灯泡，或在室内栽培床的北侧张挂反光幕等，也可以有效减轻逆境危害。

(4)久阴乍晴后及时“回苫”

尽管连阴天时黄瓜生长缓慢，产量很低，但植株生长基本仍可安全度过。然而当天气突然转晴后，经常会出现整株叶片出现烫伤状枯死现象。其原因在于，连阴天情况下不仅气温低，更重要的是土壤温度也很低。一旦天气突然转晴，室内气温回升很快，但土壤温度却回升很慢。当室内气温及光照骤然增高时，叶片水分蒸腾量过大，但根系却由于土壤温度低、吸水困难而难以满足叶片蒸腾，失水突然增多的需求，因而导致叶片因失水过多而枯死。因此，天气久阴转晴时，温室揭苫后，当室内温度升高至20～25℃时，应逐步将1/3～1/2的草苫重新覆盖到前屋面，以便于土壤温度的逐渐回升。

101. 如何防治花打顶?

［症状］ 接近黄瓜的生长点表现为植株节间极度短缩，并形成雌花和雄花间杂的花簇，花呈抱头状。

［病因］ 多发生在结果初期，棚内高温干旱，尤其是土壤干旱时，由于肥料过多及水分不足而伤根，或土壤潮湿，但地温和气温偏低而发生沤根，或根吸收能力减弱，都会出现花打顶或化瓜。“花打顶”现象既可以出现在苗期，也可以出现在其他生育期。造成黄瓜“花打顶”的原因一方面可能是由于外界环境条件不适宜所致，如温度偏低、光照较弱，且持续时间较长，造成花芽过度分化。另一方面则可能是由于管理措施不当所致，如过量施肥、浇水量不足或蹲苗过度、伤根过多等，造成植株根系吸水困难，体内水分供应不足。温室生产时CO_2施肥浓度过高也可以造成“花打顶”现象的出现。

［防治方法］

①及时松土，提高地温，促进根部发新根，必要时轻浇水追肥后，再松土提温，即可有效地控制花打顶。

②喷洒喷施宝1 mL加水12 L。

③为防止化瓜，在黄瓜雌花开花后，分别喷赤霉素、吲哚乙酸、腺嘌呤，化瓜率下降50%～75%，单瓜增重15～30 g，采收时间提前0.9～5.5天。

④进行人工授粉刺激子房膨大。

⑤喷洒稀土元素对减少化瓜、促进果实生长具明显作用。方法:亩用农用稀土30 g,用温水稀释成一定浓度进行叶面喷洒。

⑥提倡施用"农家宝"。

102. 黄瓜坐瓜异常产生的原因是什么?如何克服?

(1)化瓜

化瓜发生的原因有很多,如栽培品种结实能力差,连续阴天,温度过高或过低,过分密植或水肥管理不当都会引起化瓜。另外室内气体(包括二氧化碳、氨气、乙烯)异常也会导致化瓜的产生。霜霉病、角斑病、白粉病等危害叶片的病害以及蚜虫等一些害虫也会造成化瓜。

(2)弯曲瓜

产生弯曲瓜有生理或物理原因。生理原因多因植株长势衰弱、栽培密度过大、通风透光不良、水肥供应不及时或不均匀等都会形成弯瓜。营养不良,植株瘦弱也容易形成弯瓜,如光照不足、温度、水分管理不当,或结瓜前期水分正常,结瓜后期水分供应不足,或伤根,病虫为害引起。尤其是高温,或昼夜温差过大过小,光照少,地温低等条件易发生。有的花期子房就表现出弯曲状态,随幼果长大弯曲加重,弯曲瓜在最初或最后的果实上发生较多。

(3)大肚瓜和尖嘴瓜

早春保护地中传粉昆虫少,黄瓜不经受粉,也能结实,这是单性结实,没有种子。这种瓜营养条件好,能发育成正常果实,反之则形成尖嘴瓜。当雌花受粉不充分,授粉的先端先膨大,营养不足,或水分不均,就会形成大肚瓜。有时高温持续时间长，黄瓜果实因高温为害也成畸形瓜。植株长势衰弱、栽培密度过大、通风透光不良、水肥供应不及时或不均匀等还会形成大肚瓜或尖嘴瓜等。

(4)细腰瓜

当营养和水分供应有时充足，有时不足时，反应在同化物质积累不均匀，就会出现细腰瓜。

［防治方法］ 应针对不同的畸形果采取不同的对策，如对于曲形瓜，要加强管理，创造好的营养条件，发现曲形瓜后也可以用石块或其他重物进行坠瓜处理，效果较好。克服溜肩果应注意温度、水分、养分管理，防止施肥过多，土壤过干或过湿。大头果，水分、养分的管理适宜，防止植株老化，提高植株的同化能力，不强行打叶，注意下部的光照，防止叶片枯萎。

对于畸形果还应采取一些共性措施：

①发现不能作为商品的畸形瓜及时摘除。

②做好温度、湿度、光照及水分管理。

③采用配方施肥技术，或喷洒喷施宝、磷酸二氢钾，或氮、磷、钾按 5∶2∶6 比例施用，喷洒喷施宝每毫升加水 11～12 L。

④注意温度管理，避免温度低于 13℃，或长期高于 30℃，湿度尽量稳定，避免生理干旱现象发生。

⑤提倡施用“农家宝”、“迦姆丰收”植物增产调节剂等。

☞ 103. 苦味瓜产生的原因是什么？如何克服？

［症状］ 黄瓜的果实带有或轻或重的苦味，多出现在越冬及早春茬黄瓜生产过程中。

［病因］ 苦味是由于果实中含有苦味物质——葫芦素

所造成的。同一植株上不同部位所着生的果实苦味也可能有所不同，一般根瓜苦味较重，随着结果部位的提高苦味逐渐减轻。果实中近果肩部苦味较重，而果顶部较轻。正常情况下，葫芦素可以被植株体内的酯酶分解，因而果实中无苦味，但管理措施不当或环境条件不适时，如偏施氮肥，或磷、钾不足，特别是氮肥突然过量很易出现苦味，浇水不足、温度持续偏低、光照过弱、土壤质地差等造成植株长势衰弱，营养不良时，可影响植株体内酯酶的形成和活性，葫芦素难以被分解，便会发生苦味或使苦味加重。另外，不正确的嫁接方法有时也会出现苦味瓜，如黑籽南瓜的心叶未打净，长出了南瓜叶时，常出现苦味瓜。

［防治方法］ 由于苦味具有遗传性，在栽培时应选用无苦味的品种。采用配方施肥技术，或喷洒喷施宝、磷酸二氢钾，或氮、磷、钾按 5∶2∶6 比例施用，喷洒喷施宝每毫升加水 11～12 L。注意温度管理，避免温度低于 13℃，或长期高于 30℃，湿度尽量稳定，避免生理干旱现象发生。提倡施用“农家宝”、“迦姆丰收”植物增产调节剂等。

黄瓜对氮、磷、钾吸收基本遵循 5∶2∶6 的比例，否则就会出现生育不平衡，造成徒长，或出现坐果不齐或畸形，或在侧枝上，弱枝上出现苦味瓜。此外，地温低于 13℃，细胞透过性减低，致养分和水分吸收受抑，也会出现苦味或变形。棚温高于 30℃持续时间过长，致同化能力减弱，损耗过多或营养失调都会出现苦味瓜，有时棚内或土壤湿度过大形成“生理干旱”，苦味素易在干燥条件下进入果实。

☞ 104. 黄瓜生产中怎样使用植物生长调节剂？

乙烯利　可以促进雌花分化，增根，控制徒长。按一片真叶喷 60 mg/kg，3 片真叶喷 100 mg/kg，5 片真叶喷 150 mg/kg

配制。可在上述3个时期处理3次，也可处理1或2次。

赤霉素　可以促进老化苗恢复生长，促进瓜条生长加快。在雌花开放及瓜条长10～12 cm时使用。使用浓度为20～40 mg/kg。赤霉素遇碱分解。

矮壮素　可以促进植株茎秆变粗，节间缩短，叶色变深，根系发达，花芽分化数增多。在早春秧苗5叶以上时喷洒1次。一般用5%的矮壮素1 000倍、800倍和600倍。

叶面宝　促进生长，增强抗性，提高品质，早熟增产。定植后15天左右使用。使用浓度为每5 mL药对水50～60 kg。

爱多收　可以提早发芽，促进发根增强活力，提高抗性促进生长发育，帮助受精。使用浓度为6 000倍液浸种12 h，苗期6 000倍每月喷洒2或3次，定植至收获连喷4或5次。

105. 黄瓜无土栽培有哪些技术要点？

黄瓜无土栽培面积仅次于西红柿，黄瓜无土栽培的主要特点是生长速度快，收获期早，产量高，品质好。但黄瓜无土栽培的特点是容易早衰，生长势不易维持，低温期侧枝长势弱，高温期果实着色浅。目前，无土栽培黄瓜已趋稳定地发展。其主要栽培技术要点如下：

(1)栽培季节与品种

无土栽培黄瓜的生长势难以长期维持易早衰，所以较少进行一年一茬的长季节越冬栽培，多实行短季节栽培。我国中部和南部主要有两种茬口类型：一种为一年三茬的温室栽培，第一茬是8月中旬播种、育苗，9月上旬定植，10月上旬至翌年1月份采收；第二茬是12月中旬播种育苗，1

月中旬定植,2 月中旬至 4 月底收获;第三茬是 4 月中旬播种育苗,5 月上旬定植,6 月上旬至 8 月份采收供应;另一种茬口类型为西红柿长季节栽培的后作,即在 4 月中旬播种育苗,5 月上旬定植,6 月上旬至 8 月份采收供应,或者作为春播西红柿的后作,即在 7 月下旬育苗,8 月份定植,9 月份至 12 月份采收供应。在我国北方黄瓜无土栽培,温室茬口主要有秋冬茬和冬春茬,塑料大棚以春茬为主。近年来由于现代化大型温室的引进,黄瓜无土栽培一年一大茬获得了成功。中国农业大学在北京小汤山地热特菜基地,用基质栽培方式进行黄瓜无土栽培,总面积 0.5 hm^2,于 1999 年 8 月份播种育苗,9 月份定植,11 月份采收,至 2000 年 6 月底结束,生长期长达 10 个月,生产过程中采取各种措施,防止黄瓜早衰,平均每 667 m^2 产量为 16 002 kg,实现了中国北方现代化温室黄瓜长季节无土栽培的高产高效。

无土栽培的黄瓜品种应选用耐低温或耐高温,耐弱光,结实性强,侧枝结瓜多,生长势强,抗病性强的温室专用品种,国内目前尚缺乏理想专用的品种,生长势不如国外温室黄瓜品种旺盛,易早衰。南方高温季节栽培的夏黄瓜要选用耐热品种,砧木宜选用黑籽南瓜。近几年"迷你"型黄瓜受到欢迎,无土栽培也很成功。

(2)育苗

为防止疫病、蔓割病,可嫁接育苗,砧木以新土佐黄瓜抗病性和嫁接亲和性最强。但越冬栽培,则宜选用耐低温性强的黑籽南瓜做砧木。嫁接方法多采用操作简便成活率高的靠接法,但成活后要切除黄瓜的根系。近年来推广顶芽插接法,黄瓜直接接在砧木上,一次成苗,不需再断根。无土栽培因根系生长环境好,也可以不嫁接。播种育苗时间,同当地土壤栽培。无土栽培的黄瓜苗不宜太大,1～

3片真叶均可定植，尤其在高温季节宜小苗定植，伤根少、缓苗快。

育苗期营养液浓度相当于定植缓苗后浓度的1/2即可。冬季育苗苗床可用电热线加温，夜间小棚覆盖时用无纺布替代薄膜，可防止因叶面沾湿而诱发霜霉病和细菌性斑点病等。

(3)营养液管理

不论何种栽培方式定植后，一般营养液的EC值经常保持在2.2～2.5 mS/cm范围内即可。但到收获期，钾和磷的吸收量增加，营养液中这2种元素的浓度下降易产生蜂腰果和弯曲果。收获盛期，易产生缺铁缺硼症，此时，应及时调整营养液中相关元素的浓度，北方硬水区还需注意氮源及铁源的有效形态。

追肥量的管理目标是按补水量的70%追施各种肥料，即补水量为1 000 L时，按相当于700 L营养液所需的肥料量投入。但也要根据栽培季节、生育期、气候条件等的不同，及时检测EC值，以确保目标管理浓度。同时还应因地制宜、季节变化，调整供液量及间隔时间。

黄瓜营养液适用范围广，pH值在5.5～7.5范围内均可。

(4)供液方法

黄瓜是果菜类中根际需氧量大的作物，水培较土培黄瓜生长后期更易于衰老，这是由于水培中氧气的补充能力受限制所致。特别是采收盛期，根系需大量吸收氧气，供氧状况是决定因素。

间歇供液对黄瓜来说没有像西红柿那样有效，黄瓜主要靠吸收培养液中溶存氧，对吸收空气中氧的能力远不如西红柿，因此，黄瓜无土栽培易采用基质培。若进行水培，无论何种方式，都要保持营养液的流动状态，以获得多量的溶氧供给。

黄瓜的基质栽培采用开放式滴灌供液，幼苗期每天每株浇灌 400～500 mL，随着黄瓜植株的长大，供液量逐渐增加到晴天每天每株 2.0～2.5 L(结果盛期)。一般白天灌2～4次，夜间不进行滴灌。灌溉时允许多出 10%的培养液从基质中排出，也可每隔 7～10 天滴浇 1 次清水，以防盐类集聚。

(5)温度管理

无土栽培黄瓜的根温和气温管理同土壤栽培，冬、春低温季节在棚室内种植黄瓜，其夜间最低气温以保持在 12～15℃，夜温以保持 20℃为最适。如果夜间根际温度下降到15℃以下，只要昼间能上升到 18℃以上，就有可能消除夜间低温的影响。

夏季利用遮阳网、地面覆盖银灰色膜降温、铺设隔热材料或利用地下水管道冷却种植槽等措施降温，只要使根际温度下降到 25℃，能有效地消除昼间高温而引起的生理障碍。

六、黄瓜栽培常用设施、环境特点与调控

☞ 106. 我国的气候有哪些特点?

我国地域辽阔,包括热带、亚热带和温带地区。在东北地区全年无霜期只有 90～165 天,喜温蔬菜一年只能栽培一茬。在华南地区,气温高,冬季基本无霜,但夏季高温达 30～35℃,并且多暴雨、台风,严重影响喜温蔬菜以及许多叶菜类蔬菜的正常生长。另外,我国处于东亚季风气候区,冬冷夏热,1 月份平均气温比同纬度其他国家偏低(东北偏低 14～18℃,黄淮流域偏低 10～14℃,长江以南偏低 8℃,华南沿海偏低 5℃)。这种气候只能通过保护地栽培才能延长东北地区的蔬菜供应期,使华南地区即使在夏季也能生产出优质高产的蔬菜。

☞ 107. 什么是保护地蔬菜栽培?

保护地蔬菜栽培是指利用保护设施来抗御恶劣的自然环境,延长蔬菜生育期,生产超时令、反季节蔬菜,提高产量,延长供应期。我国北方广大地区,冬季寒冷,不少蔬菜半年不能在露地生产。在南方夏季炎热,暴雨多,也不利于蔬菜生产。这样北方冬季和南方的夏季就形成了蔬菜的淡季。这种供需的矛盾光靠露地生产是无法解决的。保护地蔬菜栽培就克服了自然条件给露地蔬菜生产和供应造成的困难。

☞ 108. 保护地栽培有哪些作用?

保护地蔬菜栽培是克服蔬菜淡季的重要途径,它的作用表现在:

①利用阳畦、风障等保护设施培育秧苗,可使春季露地栽培提前,产量增加,提高收入。

②利用温室生产蔬菜,可以在一定程度上抵御自然不利条件的限制,周年生产反季节蔬菜。

③利用遮阳网在高温多雨季节生产蔬菜,可以在炎热的夏季栽培蔬菜,克服夏季给蔬菜生产带来的损失

④生产无公害蔬菜,特别是实行无土栽培,可以大大减少农药的使用,避免土壤和环境的污染。

☞ 109. 保护地蔬菜栽培有哪些意义?

①利用保护地栽培可以在周年供应新鲜的蔬菜水果产品,特别是在无霜期短、冬春季漫长的高纬度地区,保护地栽培更为重要。

②保护地栽培可以提供更多的果蔬品种,丰富人们的餐桌,使人们有更多的选择。

③能够减少蔬菜的运输费用,节约大量的资金。

④利用反季节栽培可以增加菜农的收入,解决农民就业。

⑤提高土地的利用率和产出率,这在我国耕地日益减少的情况下尤为重要。

☞ 110. 保护地栽培有哪几种类型?

保护地栽培经过长期的生产实践已形成由低级、中级

到高级，由小型、中型到大型，由简易到完善，从单一温度提高到多项环境因素协调控制的一系列适应不同气候、不同地区不同层次的多样化的栽培形式发展。

(1)简易设施栽培

主要包括风障阳畦、冷床、温床和小拱棚等形式。其结构简单，容易搭建，具有一定的抗风和提高小范围内气温、土温的作用。因此在冬季寒冷干燥且多风的北方，经常被用于黄瓜早春栽培、冬季育苗等。

(2)塑料温室栽培

包括高度在 1.5 m 以上的中棚和大棚，是一种利用塑料薄膜覆盖的简易不加温的拱形塑料温室。与加温温室相比，具有结构简单、建造和拆装方便，一次性投资较少，运营费用低的优点，因而在生产上得到越来越普遍的应用。例如北方节能日光温室和南方的塑料大棚已成为我国设施栽培的主要形式。

(3)加温温室栽培

是一种比较完善的设施栽培形式，除了充分利用太阳光能以外，还用人为加温的方法来提高温室内温度，供冬春低温寒冷的季节栽培黄瓜等园艺作物。依据覆盖材料的不同分为玻璃温室和塑料温室。加温温室在我国北方地区黄瓜育苗和生产中发挥着重要的作用。

111. 什么叫大棚、中棚与小棚？其棚内温度变化有何特点？

中小棚区别不甚明显，中棚与大棚也无严格界限，一般按照棚高、跨度大小分为大、中、小棚。我国地区辽阔，南北方因气候差异，棚型也明显不同。在南方为适应温暖多雨气候条件，大棚跨度一般为6～8 m，中高1.8～2.5 m，长度30～40 m，单棚面积为226.8 m^2(0.4亩)左右。在北方为适应寒冷、风大、干燥的气候条件，大棚跨度10～13 m，中高2～3 m，长60 m左右，单棚面积667 m^2左右。

中棚跨度为4～6 m，棚高1.5～1.7 m。小棚跨度为2～3 m，棚高1 m左右。

大棚的增温效果主要靠吸收太阳辐射和薄膜对长波辐射的阻隔来实现。因薄膜很薄，所以吸热快，散热也快。因此白天增温快，夜间降温也快，昼夜温差大，白天易受高温危害，夜间也容易发生霜冻。

拱棚内温度的昼夜变化依棚的大小、季节及天气情况而异。在晴天或多云天气，日出之前出现最低温，但比露地迟，持续时间也短，日出之后1～2 h内，气温迅速上升，7～10时气温回升最快，每小时平均升温5～8℃。一天内最高温多出现在12～13时，比外界最高温出现早，下午2～3时棚温开始下降，平均每小时下降3～5℃。春季一般棚温可达15～36℃，最高可达40℃以上，夜间通常比外温高3～6℃，棚内昼夜温差幅度在12月下旬至次年2月中旬，由于外界温度低，日照时数短，大棚内昼夜温差大多在10℃左右，很少超过15℃，因此北方地区冬季不能在大棚内生产蔬菜。3～9月份昼夜温差可达20℃，个别情况可达30℃，这段时间容易造成高温危害。在阴天，上午气温上升慢，下午降温也慢，日变化比较平稳。但是由于白天棚内蓄热少，在低温季节会出现最低温度，造成冻害。在阴天有风的晚间，有时还会发生“棚温逆转”。

中小棚因空间小，温度变化更为剧烈，在蔬菜生产中比大棚晚1个月左右。棚内不同季节的温度变化规律是：2月上旬至3月中旬，棚温开始回升。3月下旬当外温尚低时，棚内温度可达 15～38℃，比露地高 2.2～15℃，棚内最低温度为 0～3℃，比露地高 2～3℃，此时在棚内采用地膜小拱棚覆盖或草苫覆盖即可定植黄瓜等喜温蔬菜。4 月份棚内气温可达 40℃以上，棚内外温差可达 6～20℃。到 5 月份，外界气温迅速上升，棚内最高气温可达 50℃以上。如果放风不及时，很易造成高温危害。7～8 月份高温、高湿季节，由于大放风，棚内外温差不明显，有利于秋延后栽培。9 月中旬至 10 月中旬，管理得当棚内可获得适宜温度，10 月下旬至 11 月下旬，棚内白天最高温度 20℃左右，夜间3～6℃，遇到寒潮会出现霜冻。11 月下旬以后，长期 0℃以下，不能生产。以上可以看出塑料拱棚温度变化规律是外温越高，棚温越高，外温越低，棚温越低。季节温差明显，昼夜温差大，晴天温差大于阴天，阴天棚内温差不显著，变化比较平稳。

大棚 1 天内地温变化规律是：1 天内最低地温和最高地温出现时间均比气温晚 2 h，地温的日变化以表土层最为明显，土层越深变化越小。

地温季节变化规律是：3 月上中旬前后，大棚内地温一般在 5～12℃之间，可以生产耐寒蔬菜；3 月下旬至 4 月上旬，地温在 10～25℃之间，黄瓜等喜温蔬菜可正常生长；6～9月份 10 cm 地温可达 30℃以上，此时加上灌水放风，内外地温差距不大。

大棚湿度比较大，其变化规律是棚内温度升高时，则相对湿度降低，棚温降低时，则相对湿度上升。因大棚气密性强，水分不容易散失，棚内湿度通常在 80%～90%。夜间温度低，通常相对湿度达 100%。晴天、风天棚内相对湿度降低。阴天、雨雾天相对湿度显著上升。棚内湿度高低与气温高低有直接关系，提高温度，相对湿度可下降。棚温为

5℃时，每提高1℃，相对湿度下降5%；棚温20℃时，相对湿度为70%；棚温提高到30℃，相对湿度可降至40%。

大棚内土壤湿度比露地、玻璃温室都高，因棚内湿度高，土壤蒸发量小，因此土壤湿度也较大。大棚内往往存在地面潮湿，深层缺水的现象。在生产实践中，不要看地表，要根据植株长势注意浇水。

在大棚管理中，要特别注意放风，建大棚时，事先留好天窗、侧窗，防止高温危害。同时还要防止低温霜冻危害。因此，在早春低温季节，应采取棚内增设小拱棚、草苫覆盖等措施。

☞ 112. 我国塑料大棚结构类型有哪些？

我国各地生产上所用的大棚基本上都是单拱圆形，按骨架结构和所用材料基本可分为以下几种类型：

(1)竹木结构大棚

骨架结构材料以竹木为主，跨度一般12 m左右，高2.2～2.3 m，长度因地势而定，面积多为667 m^2。竹木结构大棚骨架主要由立柱、纵向拉杆、拱杆组成。立柱每隔2 m左右一列，共6列，中间两列最高，2.2～2.3 m，叫中柱，再往两旁的两列叫侧柱，再往两旁的两列为边柱。各列立柱顺棚向用木杆或者竹竿作为拉杆纵向连接。立柱与棚向垂直方向每1.0～1.2 m一排。立柱顶端横架一根竹片或竹竿做成拱杆。拱杆两端插入土中。

立柱、拱杆、拉杆安装后，扣上塑料薄膜，薄膜拉紧，四周埋入土中，两道拱杆之间压一道压膜线或压杆，压膜线两端固定在埋于地中的地锚上，并用紧线器将压膜线拉紧。竹木大棚多立柱，费工、费料、遮光，妨碍作业，但是建造成本低，抗风雪能力强。

(2)钢筋骨架大棚

跨度 10～12 m，顶部高 2.8～3.0 m，两侧距棚边 1 m 处的垂直高度 1.5 m，骨架全部用钢筋制作。1.2 m 左右，每个拱架也是由纵向拉梁连接为一整体。纵向拉梁可以用单根钢筋，大约 2 m 一道连接在拱架的下弦上，并在拉梁上以支撑的方式固定在相邻骨架上。

(3)简易钢管大棚

在南方应用较多，多用厚壁钢管作为拱架，跨度多为 4～8 m，结构比较简单。江苏推广的 JK P-6 及 JK P-8，无锡郊区推广的 WX-6 都是这种类型。

(4)装配式镀锌薄壁钢管大棚

全国各地都有应用，共有 20 多种定型的产品。如中国农业工程研究院设计的 CP 系列大棚，中国科学院石家庄农业现代化研究所设计的 CPC 系列，均用热镀锌薄壁管制成拱架，不易锈蚀，使用寿命为 10～15 年。纵向拉梁用卡具连接各个拱管，用卡槽及蛇形弹簧固定薄膜，用压膜线在棚上进一步固定。组装和拆卸都很方便。

塑料大棚是我国应用较广的园艺设施，主要用于黄瓜春提早、秋延后栽培，早春一般可比露地提早 40～50 天上市，秋延后可比露地延迟 30 天左右，是供应早春淡季和秋末冬初淡季菜生产的主要设施之一。

113. 塑料棚黄瓜栽培有哪些主要类型?

塑料棚黄瓜栽培类型主要有小拱棚黄瓜、中棚黄瓜和大棚黄瓜栽培 3 个类型。在大棚黄瓜栽培中，因栽培季节不同分为大棚黄瓜春提早栽培和大棚黄瓜秋延后栽培。

(1)小拱棚黄瓜栽培

小拱棚黄瓜栽培一般在春季进行，属于短期覆盖，可比露地黄瓜提早15～20天定植。利用大苗龄秧苗定植，覆盖约1个月以后，通过放风锻炼，逐步适应外界环境，然后撤棚插架，有时在未撤棚前即可开始采收，早熟效果超过地膜覆盖栽培，近年来采用地膜加小拱棚的双膜覆盖，效果更好。

(2)中棚黄瓜栽培

中棚空间比较矮小，一般棚高在1.5～1.7 m，跨度3～5 m，热容量小，保温效果比小拱棚强，比大棚差。因此，中棚春黄瓜定植期比大棚稍晚，秋延后黄瓜比大棚拔秧稍早，处于小拱棚、大棚栽培中间类型。

(3)大棚黄瓜栽培

目前大棚黄瓜栽培主要以春提早为主，其次是秋延后。

①大棚黄瓜春提早栽培。大棚黄瓜春提早栽培是当前大棚栽培的主要形式，其面积占春季大棚的70%左右。一般在1月下旬至2月上旬，在温室播种育苗，3月中下旬定植，4月中旬至7月中下旬供应市场，供应期可比露地提早1个月左右，一般每667 m^2 产量3 000～4 000 kg，每667 m^2 产值3 000～4 000元。

②大棚黄瓜秋延后栽培。一般是7月上中旬至8月上旬播种，7月下旬至8月下旬定植，9月上旬至10月下旬供应市场。一般供应期可比露地延后30天左右。

大棚黄瓜产量高峰期与露地黄瓜相遇，效益不高。20世纪80年代以来，改过去一年一茬生产为春、秋二茬生产，对春茬采取提高温度，大肥大水，促进迅速生长，争取早期产量，提高经济效益。8月份生产秋茬延后黄瓜。二茬的总产量、总产值比单独一茬生产，有大幅度地提高，为了克服连作容易发生病害，下茬可改为秋西红柿生产，效果也很好。

114. 什么是日光温室?

日光温室是一种以太阳能为主要热源，冬季不加温或只进行少量补温，三面围墙，屋脊高度在 2 m 以上，跨度在 6～10 m 的保护地设施。日光温室以小型化为主，单屋面结构。塑料日光温室中一类是不加温或基本不加温，在北方深冬季可以进行喜温园艺植物生产的称为高效节能日光温室，或冬用型日光温室。另一类深冬季只能进行耐寒性、半耐寒性园艺植物的生产，称为春用型日光温室或普通型日光温室。

115. 建造日光温室的原则与注意事项是什么?

近几年来，在我国北方广大地区高效节能日光温室蔬菜生产发展迅速，已成为北方地区冬春季主要菜源和农民脱贫致富的主要门路。优型的日光温室结构(硬件)和相应配套栽培技术(软件)已成为当前北方发展蔬菜设施栽培的主旋律，是一年投资，多年受益，利国利民的大好事。因此，在农村有人把温室看成是“聚宝盆”、“摇钱树”，一年“脱贫走富路”，二年“达小康”的可靠支柱产业，出现了一大批各种蔬菜温室专业村、专业乡(镇)等。所以，在发展温室蔬菜生产中，各地要结合本地区自然优势，要认准方向，抓住机遇。

在建造日光温室时应注意做到以下几点：

①科学设计，建造日光温室一定要注意采光好，保温好。

②严把温室高度、跨度、长度、厚度、角度所要求的规格尺寸。

③要坚固耐用,有足够的强度,能抵抗大风、大雪等所产生的荷载。

④应具有通风,排湿能力,可按不同作物,不同生育阶段,有合理地调节温、光、水、气等环境条件的能力。

⑤建筑材料尽量就地取材,注意实效,以降低投资,增加资金的产投比。

建造温室是否科学,是关系到冬春茬蔬菜生产成败的关键。有人把日光温室设施看作是"硬件",把配套技术看作是"软件",二者关系看作是"有收无收在于热,收多收少在于管"。由此看出日光温室结构及其温光性能的重要性,因此各地建造温室一定要严格把关。

116. 怎样规划、建造日光温室?

日光温室是一年建筑,多年进行蔬菜生产的永久性建筑物。因此,建造日光温室要选择避风向阳,地势平坦,交通方便,地下水位低,水源充足,灌排水方便,土质良好,前面无树木、高大建筑物遮阳的地块进行统一规划,确定每栋温室的长度、跨度、方位角,以及前后栋温室间距。

(1)场地选择

建设单栋温室,只要方位正确,不必再考虑场地规划,在庭院、闲散地建造温室,一般规模较小,只要注意东南西三面无高大树木和建筑物遮阳就好了。如果建造大面积温室群,就必须事先做好场地选择,应尽量具备以下条件:

①地形开阔,东、南、西三面无高大树木和建筑物遮阳;

②避开风口、风道,最好北面有自然屏障;

③水质、水源比较好，有足够的供水和排水能力；

④土质较好，尤其是冬季果菜类生产，要求土质肥沃、疏松、地下水位低，无盐渍化和其他污染，周围无烟尘、无有害气体、无污染源；

⑤交通方便，离主要交通干线较近，便于产品运输和建立销售市场。

(2)场地规划

场地选好后，要进行合理规划。

①温室方位的确定：一般地区以南偏东（东南向）5°，或者正南向为易，其坐落方位是坐北朝南，东西延长，在高寒地区又以南偏西（西南向）5°～10°，或者正南向为好。温室东西长 50～60 m 为宜。过短影响保温性能，过长因揭盖草苫时间长，影响光照。

②田间道路规划：依据地块大小确定温室群内温室长度及排列方式，根据温室群的田间布局，确定田间道路的位置，一般说来东西两侧温室之间应留 3～4 m 室外作业通道，并附设灌排水沟渠，东西每 3 或 4 栋温室，南北每 10 栋温室之间应设田间干道，宽 4～5 m，以利大型运输车辆通行，或沿道布置排灌沟渠。

③前后两栋温室间距的确定：两栋温室间距是指前栋温室的后墙到后一栋温室前窗（前底角）的距离。两栋温室距离过近，由于前栋温室的遮阳而影响后栋温室的光照。间距过大又浪费土地。因此，合理的间距既不浪费土地，又能提高土地利用率，这是规划建造温室应注意的一个问题。

现将计算得出的部分纬度地区的前后排温室间距列于表 5。

表 5　部分地区前后排温室间距参考表　　m

北纬	$h_{9:30}$	温室脊高	后坡水平投影	后墙厚度	间距
32°	19.79°	2.8	1.2	0.8	4.5
36°	16.87°	3.0	1.2	1.0	6.0
40°	13.91°	3.1	1.3	1.0	8.0
43°	11.67°	3.1	1.4	1.0	10.0

注：$h_{9:30}$为 9:30 的太阳高度角。

117. 用于黄瓜栽培的日光温室有哪些主要形式？

日光温室是我国特有的一种保护地设施，因其起源于民间，且其结构受其所处地理位置影响，因此目前尚无统一的技术规范和标准，不同地区其结构形式也不完全相同，但根据前屋面结构的形状，可将日光温室分成半拱圆形和一斜一立式两大类型。

前屋面为 1/4 圆形、1/4 椭圆形、抛物线形和双弧面形的日光温室，称半拱圆日光温室。半拱圆日光温室依其后强的高矮和有无、后坡的长短和有无，又可分为矮后墙（<1 m）长后坡（2～3 m）、高后墙（>1.5 m）短后坡（<2 m）、高后墙无后坡 4 个类型。但对黄瓜生产而言，以前 3 种为主。

一斜一立式日光温室是从传统的一斜一立式玻璃温室发展来的，由于采用竹竿作拱杆，前屋面覆盖薄膜，建造比较容易，于是扩大了跨度，抬高了前立窗，中脊也适当提高。如瓦房店的一斜一立式日光温室，跨度 8～9 m，脊高 2.4～2.5 m，前立窗 0.8 m。但采光角度小，升温慢，保温也较困难。

沈阳市及其以北地区的一斜一立式温室，跨度多为

6 m,前立窗高 0.6 m,脊高 2.3～2.4 m,冬季只能生产耐寒的叶菜类蔬菜,遇到灾害性天气还需要临时补助加温。

☞ 118. 矮后墙长后坡日光温室的特点是什么?

此类型温室的典型代表是感王式日光温室和永年日光温室。感王式日光温室后墙高 0.6～0.7 m,后坡长 3.5 m 左右,跨度 5.5～6.0 m,脊高 2.1～2.3 m,长多为 60～70 m。其后墙为土筑,后坡骨架为中柱、柁、檩结合而成的“柁檩”结构,柁的下端担在后墙顶上或穿过后墙直插到后墙外的地面上,后坡为草、泥的复合结构。前屋面为 1/4 圆形和 1/4 椭圆形。原始的感王式日光温室除后坡下的中柱外,前坡下还有前后立柱。晚间覆盖草苫和纸被进行保温。

感王式日光温室白天升温快,寒冬季节阳光可直射后墙里侧和后坡的下表面,受光和贮热多,保温效果好。缺点是春季种植果菜时,后坡遮光面大,土地利用率较低(图 6)。

20 世纪 80 年代以来,感王式日光温室几经改进,先后形成了海城 1、海城 2、海城 3 型日光温室,温室性能和生产效果有了很大的提高。

永年日光温室吸取了感王式日光温室保温性能好的优点,结合本地区气候和物质条件而设计的温室。这种温室适合河北省中南部、山东省大部、河南省大部,以及 11 月至翌年 4 月日照时数不少于 650 h,日照率不低于 50%,极端最低气温在－20℃左右的广大地区使用。永年日光温室严寒冬季室内气温一般不低于 8℃,冬季可生产各种喜温的果菜类蔬菜。

永年温室虽然在感王温室基础上有最改进,但是仍属于矮后墙长后坡日光温室，进行黄瓜生产有效利用面积较小，增产潜力不容易发挥，近来也在不断进行改进。

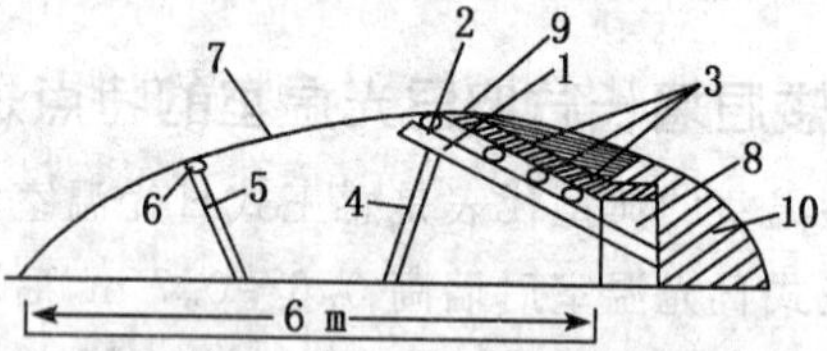

1. 柁　2. 脊檩　3. 檩　4. 中柱　5. 前柱　6. 横梁　7. 拱杆　8. 后墙　9. 后坡　10. 培土

图 6　感王式日光温室(原始型)

119. 高后墙矮后坡日光温室有何特点?

20 世纪 80 年代中期以来，由于喜温果菜类蔬菜反季节栽培技术的发展，矮后墙长后坡日光温室的不足之处越显突出，急需改进。在总结矮后墙长后坡日光温室优缺点的基础上，又逐步形成了高后墙短后坡的日光温室。在北纬 40℃以北地区，这种温室的跨度 6～8 m，脊高 2.8～3.8 m，后墙高 2.0～2.5 m，后屋面水平投影 1.2～1.6 m (图 7)。

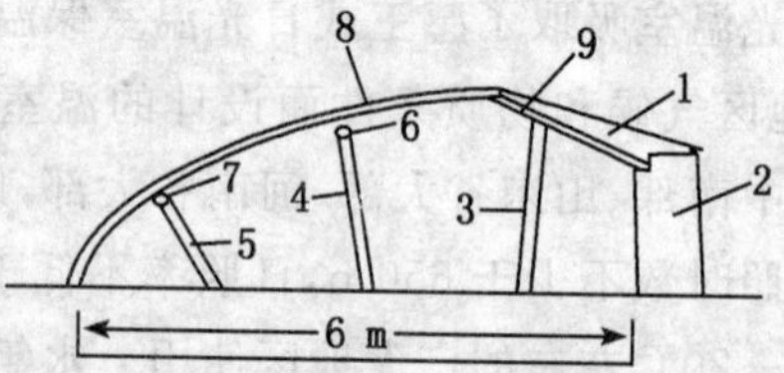

1. 后坡　2. 后墙　3. 中柱　4. 腰柱　5. 前柱　6. 中柱　7. 横梁　8. 拱杆　9. 柁

图 7　高后墙短后坡日光温室

这种温室由于加高了后墙，缩短了后坡，相对增加了采光面积，加大了温室空间，提高了土地利用率，增温效果较好，中午前后比矮后墙长后坡温室温度高。由于夜间散热面比矮后墙长后坡温室相对较大，保温性能不及后者。但由于扩大了采光面，增加了采光量，在一定程度上弥补了夜间保温能力差的不足。这种温室土地利用率高，作业方便，有利于黄瓜及喜温果菜生产，20 世纪 90 年代以来各地新建的日光温室已开始向这一类型发展，并在采光角度和保温措施等方面不断地进行改进。其代表性结构主要有以下四种：

(1)竹木结构悬梁吊柱式日光温室

这是比较原始的一种结构类型。温室前坡下每 3 m 设 1 道立柱，同排立柱上设 1 道横梁(拉杆)，横梁上用小吊柱，下端固定在横梁上，上端顶着竹拱(图 8)。

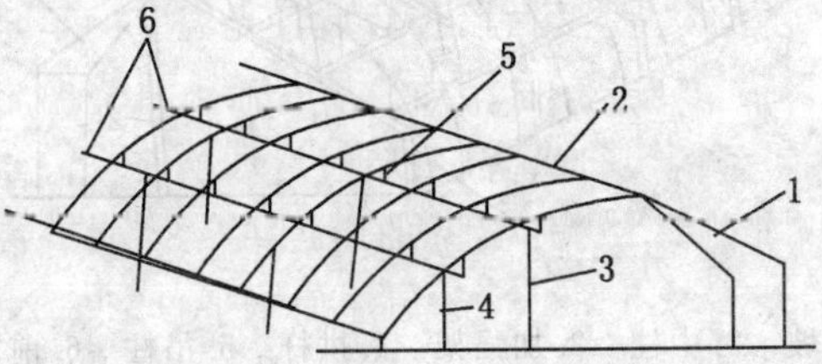

1. 后坡　2. 拱杆　3. 腰柱　4. 前柱　5. 吊柱　6. 横梁

图 8　悬梁吊柱式日光温室

悬梁吊柱式日光温室的优点是减少了温室下的立柱，压膜线容易压紧棚膜。缺点是在压膜线的作用下，棚膜会形成有规则的波浪式起伏，对温室采光不利。

(2)竹木结合加强架日光温室

这是一种比较原始型的前坡下无柱式结构。温室前坡下每 3 m 设一道加强架。加强架的结构是，用小头直径 10 cm 的原木，上端固定在柁头上，下端在前立柱上。在原木上、中、下适当位置各设1个小立柱,各小立柱之间用横梁(拉杆)连接。温室前立柱顶上东西也设一道粗的原木横梁。在3道小立柱上固定竹片,此乃桁架式竹木结合的加强架。各加强架间按60 cm距离设置拱杆,拱杆上端固定在脊檩上,中间由上而下担在3道拉杆和前立柱的横梁上,下端插入土中(图9)。

竹木结合式加强架日光温室虽然取消了前坡下的立柱,方便了作业和有利于2次覆盖,但由于加强架的下梁仍比较低矮,种植高秆蔬菜及在室内作业仍显不方便。

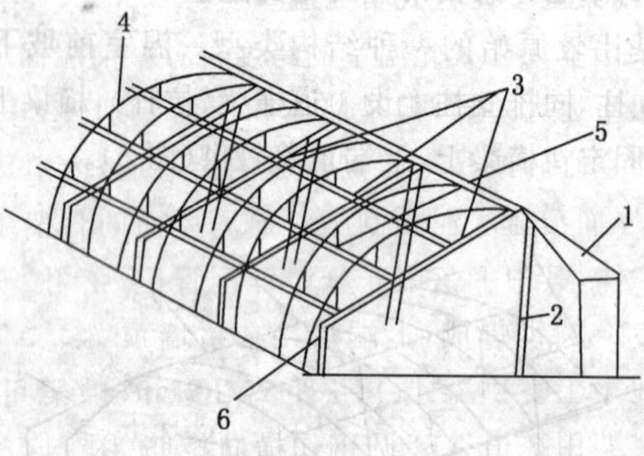

1.后坡 2.中柱 3.加强架 4.拱杆 5.吊柱 6.前支柱

图9 竹木结合式加强架日光温室

(3)钢加强架前坡下无柱式日光温室

这是在竹木结合式加强架基础上,新形成的一种前坡下无柱式日光温室。温室前坡每隔2.5～3.0 m设一道钢质的加强架,加强架上弦用6分镀锌管,下弦用∅12圆钢,拉花用∅10圆钢焊接。加强架上端固定在脊檩上,下端固定在土中。各加强架的上弦,上、中、下设3或4道横梁拉杆或8#铁丝。两加强架间按60～65 cm设竹拱(图10)。

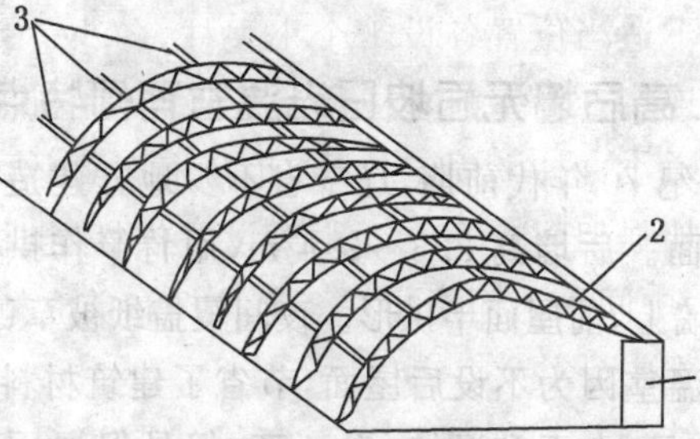

1. 土墙　2. 钢加强架　3. 横拉杆

图 10　钢加强架日光温室

(4)钢架全室无柱式日光温室

钢架全室无柱日光温室的跨度、高度、前屋面形状与竹木骨架温室无大差异，但是墙体和屋面差别较大，其山墙、后墙是用空心砖或黏土砖砌筑成的夹心墙，内填珍珠岩或炉渣，后屋面覆盖水泥预制板。前后屋面的骨架用钢材料焊接为一体，其中上弦用 6 分镀锌钢管，下弦用∅12 圆钢，拉花用∅10 圆钢焊成，上端焊接在后墙顶梁上，下端焊接在底脚地梁上。拱架上下弦距离 20 cm，拱架间距 75～80 cm，拱架用 3 道∅14 圆钢作横向拉筋(图 11)。代表温室有鞍Ⅱ型日光温室、辽沈Ⅰ型日光温室、熊岳第二代节能日光温室、冀优Ⅱ型日光温室等。

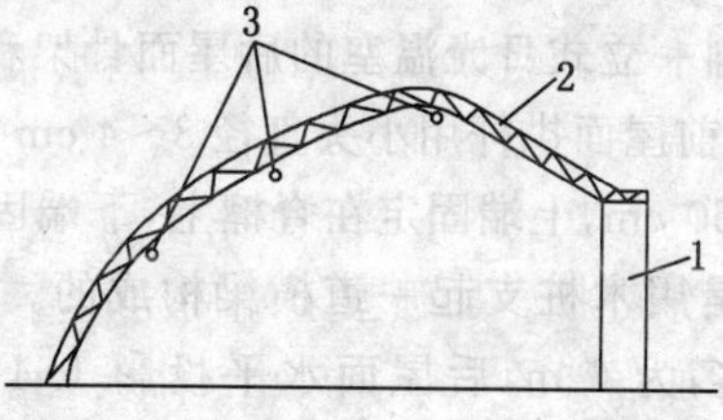

1. 后墙　2. 拱架　3. 横梁

图 11　钢架全室无柱式日光温室

☞ 120. 高后墙无后坡日光温室有何特点?

20 世纪 70 年代前期,辽宁省不少地方建造无后坡墙,不设后屋面。后墙高 2.3～2.4 m,用竹竿作拱杆,顶部直接担在后墙上,前屋面半拱形。夜间覆盖纸被草苫(图 12)。

这种温室因为不设后屋面,节省了建筑材料,降低了造价,光照充足,白天升温快,温度高,但是保温困难,夜间降温快,黄瓜不能进行越冬栽培,只能进行春提早或秋延后黄瓜栽培生产。

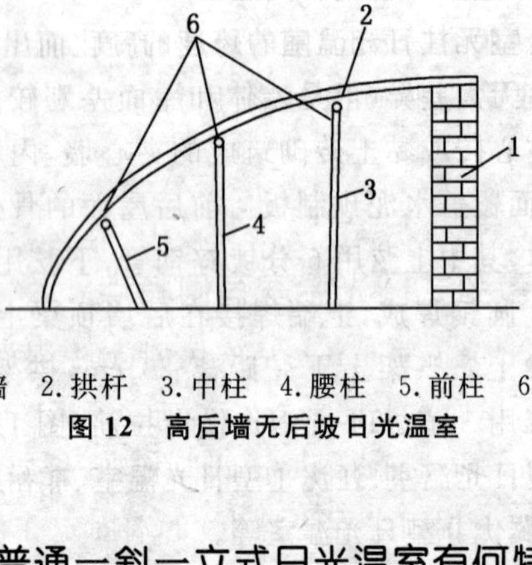

1. 后墙　2. 拱杆　3. 中柱　4. 腰柱　5. 前柱　6. 横梁

图 12　高后墙无后坡日光温室

☞ 121. 普通一斜一立式日光温室有何特点?

普通一斜一立式日光温室的后屋面骨架和构造与半拱式基本相同,前屋面拱杆用小头直径 3～4 cm 竹竿作成,拱杆间距 50～60 cm,上端固定在脊檩上,下端固定在前立窗上。前立窗是用木桩支起一道横梁构成的。北纬 40℃以北地区跨度多为 6 m,后屋面水平投影 1.4～1.5 m,脊高 2.4～2.5 m,前立窗高 60 cm,前屋面采光角 23°左右(图 13)。

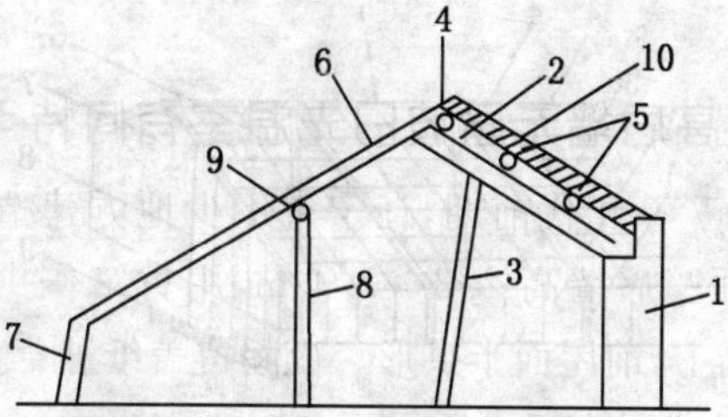

1. 后墙　2. 柁　3. 中柱　4. 脊檩　5. 腰檩　6. 拱杆
7. 前立窗　8. 前柱　9. 横梁　10. 后坡

图 13　普通一斜一立式日光温室

这种温室前屋面没有弧度，薄膜不容易压紧，遇到大风天气，屋面薄膜容易鼓起，随着风速的变化而出现上下摔打现象，往往造成薄膜破损，必须用竹竿或木杆作压杆才能压牢。

122. 琴弦式日光温室有何特点?

琴弦式日光温室是瓦房店农民创造的，其跨度 7 m，脊高 3.1 m，后屋面水平投影 1.2 m，前立窗高 80 cm，后墙高 2.2～2.3 m。前屋面每隔 3 m 设一桁架，桁架用木杆或钢管做成，桁架上端固定在脊檩上，下端固定在前底脚木桩上。在桁架上东西横拉 8 号铁线，铁线间距 30～40 cm，两端固定在东西山墙外的地锚上，使前屋面呈琴弦状。在 8 号铁线上按 75 cm 间距，用 2.5 cm 直径的细竹竿作拱杆。

琴弦式温室固定薄膜不能用压膜线，在薄膜外面用细竹竿压在拱杆上，用细铁丝穿透薄膜，把上下细竹竿拧紧(图 14)。

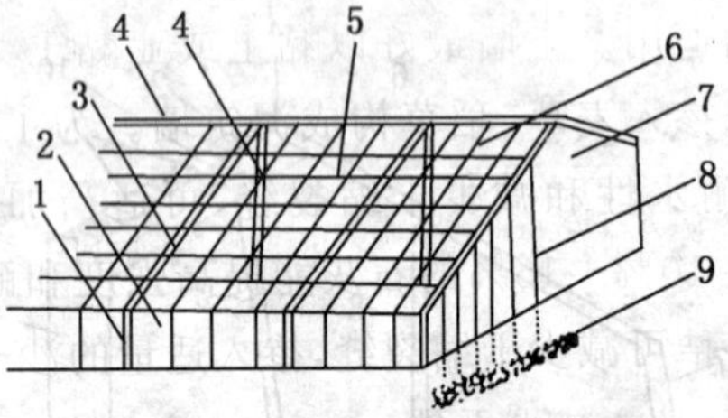

1. 前立柱　2. 前立窗　3. 钢管桁架　4. 脊檩中柱
5. 横拉 8 号铁线　6. 细竹竿骨架　7. 山墙
8. 山墙外 8 号铁丝　9. 地锚

图 14　琴弦式日光温室

琴弦式日光温室前屋面采用钢管桁架可不设立柱,木杆桁架强度不够时,可设一排支柱。琴弦式日光温室的优点是建材截面小,桁架数量不多,遮阳面小,室内光照充足,作业方便。缺点是固定薄膜要穿透很多孔洞,不但增加了缝隙放热量,薄膜也容易从穿孔处破损。琴弦式日光温室冬季栽培黄瓜等喜温果菜类获得成功后,很快在华北和黄淮等地区发展起来,尤其山东、河南面积较大。

123. 日光温室的墙体结构有哪些类型?

日光温室的强体按照墙体材料分为土筑墙、砖石墙和复合墙体三大类。日光温室的墙体包括后墙、山墙。后墙、山墙和后屋面系统称为围护结构。为了在冬季保证园艺植物特别是喜温园艺植物的正常生长、发育并获得较高的产量,除设计出合理的采光屋面,还必须设计出合理的围护结构,严密保温,使得通过围护结构散失的热量减到最低程度。

(1)土筑结构

目前生产上建造的日光温室墙体材料以土墙具多。土墙可以就地取材,一次性投资少,对于大多数经济收入较低的农户较为适用。土墙最好以黏土或亚黏土为主要原料，有些还可以掺入麦草、稻草构成泥筑墙。为了提高土墙的强度，增强耐水性和减少干缩裂缝，可适当加入适量的填料。如掺入10%～15%的石灰能提高强度和耐水性，掺入碎稻草或麦秸可减少干缩裂缝，掺入适量的沙子、炉渣等既可增加强度，又能减少干裂。

(2)砖石结构

建筑上常用的砖有普通黏土砖、空心黏土砖、灰沙砖、矿渣砖以及泡沫混凝土砖，应用最多的是普通黏土砖。黏土空心砖与普通黏土砖不同之处是增加了孔洞，提高了保温能力。灰沙砖与矿渣砖的容重要大于黏土砖，抗压能力与保温能力与中等质量的黏土砖近似，而耐水、耐用的程度较差，泡沫混凝土砖不仅容重轻，而且保温效果好。

所谓墙体的保温性能，是指当室内温度较高，室外温度较低时室内的热量通过墙体传递到室外所需要时间的长短。如需要的时间短，热量很快就传递出去了，就是保温性能差，如果需要在很长时间内才能将热量传递出去，就是保温性能好。

(3)复合墙体

复合墙体是由不同墙体材料组成，并复合多种保温材料，以达到既具有支持作用，又有保温防寒功能。理想的隔热材料应在相同的温室内外气温下，墙内侧温度高，外侧温度低，也就是说内外层温差大，隔热效果好，同时还应在温室降温阶段向室内放热的时间长，放热量大。

☞ 124. 日光温室光照分布特点有哪些，如何调节？

与露地相比，温室的光照条件突出表现在光照强度不足，光照分布不均和光照时间较短三个方面。温室内光照强度分布不均表现在水平差异和垂直差异上。日光温室东西走向，温室中南部为强光区，而温室后面为弱光区，东西山墙下也为弱光区。垂直方向的光强由上向下逐步减弱，日光温室的光照时间由于有草苫揭盖问题，故光照时间较短。

温室内光照的调节包括增加室内自然光照，延长光照和遮光。增加温室的自然光照首先在建造和选购温室时是必须充分考虑的，要结合当地的自然条件，尤其是当地的光照条件，确定合理的温室方位和透明屋面的采光角度，达到充分采光的目的，在保证温室安全的前提下尽可能减少温室横杆和立柱的材料数量，以减少对温室的遮阳。选择透光率高的无滴、防尘、耐老化薄膜，并定期对薄膜进行清洁。在温室地面和周围铺设和张挂反光膜以及确定合理的种植结构等。

125. 影响日光温室采光的因素有哪些？

(1)日光温室的方位

温室的方位是指温室屋脊的走向。日光温室为不等屋面，透明屋面向阳受光，东西墙和北墙都不透光，所以日光温室的方位一般均为东西延长，坐北朝南，这样可以在冬春季节接受较多的太阳辐射。但是在实际生产中应该根据当地的具体情况有所区别。对于冬季最低温度较低或空气污染较重、雾气发生较频繁的地区，冬至前后草苫的揭盖多是在早晨10时前后到下午4时前后，朝南偏东的温室上午并不能提前揭苫照光，因此对于我国北方大部分冬季寒冷地区冬用型日光温室以东西延长偏西5°～10°最好，以使日光温室更多地利用中午到下午这个时段的直射光，同时也可避免因与季风风向垂直而加大温室散热，使次日早晨维持较高的室内最低温度。但在冬季并不寒冷并且大雾不多的地方，冬用型日光温室方位可以偏东5°～10°，俗称抢阳，以充分利用上午的阳光，上午光质好，更加有利于光合作用，还可避免或减弱西北风的侵袭。春用型日光温室冬季主要是生产耐寒性蔬菜或半耐寒性蔬菜，温室的方位也应以东西延长偏东为宜。但是无论是偏东还是偏西，均以不超过10°为宜，且不宜与季风方向垂直。

(2)日光温室前屋面采光角度

冬春季节是日光温室的主要生产期，也正是太阳辐射最弱的季节，能否充分合理利用太阳辐射关系到温室生产的成败。温室内光照强弱不仅决定温室内温度的高低，也影响植物的光合作用和产量的形成。因此采光设计是日光温室设计建造中应首先解决的问题。

确定合理的采光屋面角度是日光温室设计和建造的关键。日光温室前屋面透明覆盖物一般为塑料薄膜，太阳光透过塑料薄膜进入温室内的光强称为透光率。太阳光照射到薄膜上以后除大部分透过薄膜进入温室外，还会有一部分被薄膜吸收和反射掉。吸收率、反射率和透过率三者有如下的关系：吸收率＋发射率＋透过率＝100％。对于一种薄膜来说，它对光线的吸收率就决定于反射率的大小。只有反射率小，透过率才高。反射率大小与光线的入射角有直接的关系，入射角越小，透过率越高。当入射角在0°～40°范围内时随着入射角的加大，光的反射率也加大，但变化不明显；当入射角在40°～60°的范围内时透光率随着入射角的加大而明显下降，当入射角在60°～90°的范围内时，透光率将随着入射角加大而急剧下降。太阳光线与日光温室前屋面所构成的入射角是由太阳高度角和前屋面采光角所决定的。日光温室前屋面采光角度的设计是以地理纬度，冬至时的太阳高度角为依据，所以入射角的大小完全由前屋面角来决定。

日光温室合理采光时段保持在 4 h 以上，即在 10～14 时太阳对温室采光屋面的投射角均要达到 50°以上，在北纬 32°～43°的地区，合理采光屋面角比合理采光时段屋面角小 10.69°～11.24°。

(3)日光温室后屋面角度

日光温室后屋面角度是指后屋面与地平面的夹角，它取决于屋脊与后墙的高差和后屋面的水平投影长度。如果屋脊高度和后屋面水平投影长度已定，则后墙越矮的后屋面角度越大，反之越小。已有的研究表明日光温室的后屋面不但有保温、吸收储存能量的作用，还可以增加反射光线，因此后屋面的角度、厚度及组成对日光温室的保温意义重大。为了使冬至前后中午太阳光能直射后屋面内部，后屋面的仰角应该大于当地冬至太阳高度角 7°～8°。这样就可以在 11 月上旬至翌年 2 月上旬之间中午前后接收到太阳直射光。

日光温室后屋面水平投影长度与温室的保温和采光密不可分。春用型日光温室后屋面的水平投影长度较冬用型日光温室要短。在我国北方不同地区，冬用型日光温室后屋面水平投影长度随着纬度的升高而加长。由于后屋面的传热系数远比前屋面小，所以长后坡的日光温室升温较慢，清晨接苫前温度稍高。而短后坡的温室，白天升温快，晚间降温也快，接苫前温度稍低。因此北纬 40°以北地区 6～8 m 跨度的日光温室，后屋面水平投影长度以 1.2～1.5 m 为宜，北纬 40°以南地区 6～8 m 跨度的日光温室，后屋面水平投影长度以 1.0～1.3 m 为宜。

126. 日光温室外保温材料有哪些？

(1)草苫

目前生产上使用最多的是稻草苫，其次是蒲草、谷草、蒲草加芦苇以及其他山草编制的草苫。草苫最好用稻草苫，一般宽1.5～1.7 m，长度为采光屋面之长再加上1.5～2.0 m，厚5 cm以上。草苫的特点是保温效果好，取材方便，但草苫的编制比较费工，耐用性不很理想，一般只能使用3年左右，遇到雨雪吸水后重量加大，即使是平时的卷放也很费时费力。但是目前尚缺少其他保温更好又更实用的材料取代草苫。草苫的保温效果为5～6℃。

(2)纸被

在严寒冬季，为了弥补草苫保温能力的不足，可以在草苫下面加盖纸被，纸被是用4层旧水泥纸袋或4～6层新的牛皮纸，缝制成和草苫大小相仿的一种保温覆盖材料。

(3)保温被

早期多采用棉布或棉絮缝制而成，保温性能好，其保温能力在高寒地区约为10℃，高于草苫、纸被的保温能力。但棉被造价高，一次性投资大，防水性差，保温能力尚不够高。近几年，各地有关部门为寻找可替代草苫的外覆盖材料做了多方面的探索，已经研制出一些价格适中，保温性能优良，适于电动卷放的保温被。这种保温被一般由3～5层不同材料组成，由外向内依次为防雨布、无纺布、棉毯、镀铝转光膜、防雨布等。几种材料用一定工艺缝制而成，具有重量轻、保温效果好、防水、阻隔红外线辐射、使用寿命长等优点。这种保温被非常适用于电动操作，能显著提高劳动效率。

☞ 127. 设施内气温有何特点?

①设施内的日温差大:设施内的日温差是指1天内最高温度与最低温度之差。最高温与最低温出现的时间大致与露地相似,最高温出现在午后,最低温出现在日出前,不同之处在于设施内的日温差要比露地大的多。例如:当外界气温为10℃,大棚内的日温差约为30℃,而小拱棚的日温差可达40℃左右。设施内日温差的形成是由于白天设施内的空气和地面受太阳辐射而温度逐渐升高,到13时左右达到最高点,之后随着太阳辐射量的逐渐减少,气温逐渐下降。夜间当气温低于地温时,土壤中储存的热量则向空中释放。所有设施内的温度在日出前最低,日出后逐渐升高,从而形成保护设施内的日温差。

②逆温:设施内还会出现逆温现象,一般出现在阴天后、有微风、晴朗的夜间。在有风的晴天夜间,温室大棚表面辐射散热很强,有时棚室内气温反比外界气温还低,这种现象叫做"逆温"。其原因是白天被加热了的地表面和作物体,在夜间通过覆盖物向外辐射散热,造成室温比外温还要低。10月份至翌年3月份容易发生逆温。逆温一般出现在凌晨,日出后棚室迅速升温,逆温消除。逆温一般不会对作物产生伤害。

③设施内气温的分布是不均匀的,不论在垂直方向还是水平方向都存在着温差。边行地带在寒冷的早春或冬季,该处的气温和地温比内部低很多。调查表明:离大棚两侧1.5 m,北面2.4 m,南侧3.3 m的地方,5月份黄瓜单株产量仅为0.5 kg左右,而内部为1.2~1.5 kg。保护设施面积越小,边行低温地带占的比例越大,温度分部

越不均匀。例如宽 15 m、长 50 m 的大棚，低温地带占30%，如将其加宽 1 倍，则低温地带约占 20%。如何克服保护地设施内温度分部不均的问题，是管理技术上的重要问题。

温室大棚内温度空间分部比较复杂。在保温条件下，垂直方向的温差可达 4～6℃，水平方向的温差较小。温度分部不均匀的原因，主要是受太阳光入射量分布不均匀，加温、降温设备的种类和安装位置、通风换气的方式、外界风向、内外气温差及设施结构等多种因素的影响。

☞ 128. 温室内水分、湿度变化有何规律?

与露地不同，温室内土壤水分含量在不同位置差异较大，水分水平分部不均匀，这主要由温室内土壤温度分部的不均匀性和水滴状况造成的。温室是个相对密闭的系统，植物蒸腾和水分蒸发会使温室内空气相对湿度显著高于外界，高湿度也会带来很多病害的发生，因此降低温室内空气湿度是极为紧迫的事情。在寒冷的冬季，为了提高温室内土壤温度对灌水有严格的要求，大水漫灌不但造成土壤结构破坏和低的水温，也会使土壤温度急剧下降。

温室土壤水分的来源有两方面：一是休闲期自然降水在土壤中储存，二是人工灌水。温室内土壤水分消耗主要有 2 条途径，即作物蒸腾和土壤蒸发。地面蒸发和作物蒸腾到温室空气中的水分，虽然可以通过温室的缝隙、通气换风、植物生长等消耗一部分，但在冬季密闭、较少通风的温室内，水汽在棚膜内结成水滴到地表，在温室内形成一个水分循环。由于棚膜上形成水滴的位置和滴落的部位一般比较固定，这就造成土壤水分的不均匀性。经常滴落水的地方会因湿度大而造成沤根、植株衰落、发病等。总体上看温室内土壤水分消耗远比露地要少，因而多数时间土壤湿度大于露地。但是，有时候即使在土壤水分不足时，土壤地表也经常保持湿润状态，这样容易给人造成一种不缺水的假相，以致影响作物的生长。

温室土壤湿度变化也有季节和日变化规律。冬季温度低，消耗水分少，浇水后土壤湿度变大，且持续时间长。秋末、春末、夏初气温高，光照好，作物生长旺盛，地面蒸发和作物蒸腾量大，加上放风量大且时间长，水分散失多。一天中白天水分消耗大于夜间，晴天大于阴天。采用地膜覆盖、膜下暗灌、滴灌、渗灌等技术均有利于节水并保持土壤良好水分状态且降低温室内的空气湿度。

129. 温室的灌溉方式有哪些？其优缺点是什么？

温室常见的灌溉方式有以下几种：

(1)沟灌

将水通过水渠或管道直接灌入垄沟中的浇水方法。常用在进行高畦或高垄栽培的园艺作物上，优点是灌溉速度快，缺点是温室内湿度大，尤其在温度较低的季节。

(2)地膜下暗灌

传统的沟畦灌溉既费水，又会增加温室内的湿度，导致病害的发生。在高畦的基础上，中间开沟后再覆盖地膜，采用膜下暗沟浇水的方法，能显著降低温室内的湿度，增产效果明显。

(3)微喷灌溉

主要用在夏季的增湿降温，多使用微喷或雾化装置。

使用微喷可使作物获得进一步分配的水分，使大范围地区变得湿润，微喷灌溉系统由耐久性塑料部件构成。一般由分毛管、插杆和喷头组成，系统排列形成与滴灌系统相同，采用行列式连接。为达到平均出水的要求，一般供应每小区的给水栓都安装调压器。微喷灌对水质要求很严，一般应经过1或2次的过滤处理。

(4)滴灌

利用低压管道系统把水或溶有化肥的溶液均匀而又缓慢的滴入蔬菜根部附近的土壤，主要优点是节约用水，可完全避免输水损失和深层渗漏损失，便于灌溉自动控制，灌溉系统的干、支管埋于地下，省去渠道占地。可结合灌水进行施肥，避免肥料流失，提高肥效。寒冷季节在温室中采用滴灌，可避免由于灌水带来的地温下降。同时降低温室内空气湿度，减轻病害发生，滴灌可保持土壤处于最优湿润状态，促进蔬菜高产。

(5)渗灌

利用埋设地下的管道，将水引入蔬菜根系分布的土壤，借毛管作用自下而上或向四周湿润土壤。这种灌溉方式有使土壤湿润均匀，不破坏土壤团粒结构，无板结层，地面蒸发少，省水、省肥，灌溉效率较高，可同时进行其他作业，近地面空气湿度低，能有效控制病害等优点。该方法一次性投入高，但在温室等设施栽培中应用前景广阔。

☞ 130. 温室灌水时应注意哪些事项?

(1)灌水时间

灌水时间关系到地温和空气湿度。冬季温室灌水一般要选择晴天，或阴天刚过晴天刚来时，且浇水后最好能有几个连续的晴天。冬天和早春浇水要选择在上午，以便恢复地温并及时放风排湿。

(2)水温

冬季灌水后地温一般会下降2～3℃。如果灌水后遇到连阴天，地温要下降5～8℃甚至更低。温室浇水的水温应该与温室地温相近或略高。为此，选用深机井，管道要短并埋设地下，或在温室内设置水池，提前将水温预热到室内温度。

131. 温室内会产生哪些有害气体?

由于棚室内是个相对封闭的环境，如果通风和管理不当，会产生一些有害气体。

(1)氨气

温室内氨气危害主要是由于施肥不当造成的，如直接在地表撒施碳酸氢铵、尿素、禽粪、在温室内发酵的鸡粪及饼粪都会直接或间接释放氨气。温室内空气中氨气浓度达到5 mg/L时可使栽培植物不同程度受害，当氨气浓度达40 mg/L时几乎各种蔬菜都会受害，甚至枯死。当揭开草苫后马上测试棚膜内水滴的pH值，如果pH值在7.5以上，说明可能有氨气发生或积累。

(2)二氧化氮

在大量增施氮肥的情况下容易诱发二氧化氮危害。当室内二氧化氮的浓度达到2 mg/L时，可使叶片受害，二氧化氮发生有2个基本条件：一是土壤酸化，二是土壤中有大量的氨积累。二氧化氮气体危害和氨气危害症状相似，区分方法是测试棚内水滴的pH值，当水滴的pH值小于6.5时说明可能发生了二氧化氮危害。

(3)二氧化硫

二氧化硫气体危害多发生在用硫磺粉熏蒸消毒不慎或采用炉火加温。当温室内二氧化硫浓度达到0.5～1.0 mg/L时会对作为造成危害。

黄瓜对氨气和二氧化氮比较敏感。

☞ 132.黄瓜生产中怎样进行 CO_2 施肥?

日光温室冬季生产由于室内外温差大而通风量小或通风时间晚,在晴好天气时,植株叶片光合作用旺盛而不断吸收和消耗 CO_2,常造成室内空气中 CO_2 亏缺,因此有必要进行 CO_2 施肥,以提高叶片光合强度,达到提高产量、改善品质、提高植株长势和抗逆性的目的。CO_2 施肥方法很多,但目前我国日光温室生产上主要采用碳酸氢铵与硫酸进行化学反应后释放 CO_2 的方法。目前我国有关单位已经开发出专用 CO_2 发生器,可以根据其操作说明进行使用。也可以采用更为简便的方法,即先将稀释后的硫酸存放于非金属容器中,然后将碳酸氢铵装入塑料袋中,并将塑料袋的底部均匀地扎5或6个孔,将塑料袋口封闭后,投放到稀硫酸中。碳酸氢铵与硫酸进行化学反应后即可将 CO_2 释放到室内空气中,而反应产物硫酸铵则可以作为肥料并利用。

☞ 133. CO_2 施肥应注意哪些问题?

无论采用什么方法进行 CO_2 施肥,均应注意以下问题:一是应选择晴天、上午,且温室未进行通风时进行施肥,阴雨雪天气黄瓜光合效率低,室内 CO_2 浓度较高,再进行人工 CO_2 施肥其增产效果将不明显;二是 CO_2 相对密度较大，施肥后不易于向四周扩散，因而应进行多点施肥，每施肥点控制面积不宜大于 30 m^2；三是尽管 CO_2 施肥可以显著提高植株长势及黄瓜产量，但当室内 CO_2 浓度过高时，反而会带来负面影响，叶片皱缩、早衰，甚至植株出现花打顶现象等。通常情况下，施肥后室内 CO_2 浓度不宜高于 $1\,200\times10^{-6}$。

134. 设施内土壤环境有何特点？

设施内温度高、空气湿度大，气体流动性差，光照较弱，而作物种植茬次多，生长期长，故施肥量大，根系残留量也较多，因而使得设施内土壤环境和露地土壤环境很不相同，影响设施作物的生长。

(1)土壤内水分和盐分移动方向和露地不同

由于温室是个封闭的或半封闭的空间，自然降水受到阻隔，土壤受自然降水自上而下的淋溶作用几乎没有，使土壤中积累的盐分不能被淋洗到地下水中。同时由于设施内温度高，作物生长旺盛，土壤水分自下而上的蒸发和作物的蒸腾作用比露地强，根据“盐随水走”的规律，也就加速了土壤表层积聚了较多的盐分。

(2)大量施肥，养分残留量高，土壤盐类浓度过高，产生次生盐渍化

设施生产多在冬春寒冷季节进行，土壤温度也比较低，施入的肥料不易分解和被作物吸收，也易造成土壤内养分的残留。生产者盲目认为施肥量越多越好，往往采用加大施肥量的办法弥补地温低、作物吸收能力弱的不足，结果适得其反，尤其当铵态氮浓度过高时危害最大。一些生产年限较长的温室或大棚，因养分不均衡，土壤中氮、磷、钾过高，锌、钙、镁不足，造成产品风味差，病虫害增多。

(3)土壤有机质含量高

这对作物的生长发育是有利的。

(4)土壤酸化

造成设施土壤酸化的原因是多方面的，但最主要的原因还是氮肥施用量过高，残留量大引起的。土壤酸化除因pH值过低直接危害作物外，还抑制了磷、钙、镁等元素的吸收。

(5)连作障碍问题突出

设施内作物栽培的种类比较单一，为了获得较高的经济效益，往往连续种植产值高的作物，而不注意轮作换茬。久而久之，使土壤中养分失去平衡，某些营养元素严重亏缺，而某些营养元素却因过剩而大量残留于土壤中。另外连作时间过长会造成化感物质的积累及有害致病菌的累积从而造成连作障碍。露地栽培轮作与休闲的机会多，不易出现连作障碍。

(6)土壤生物环境特点不同于露地

由于设施内的环境比较温暖湿润，为土壤中一些病虫害提供了越冬场所，土传病虫害严重，使得一些在露地栽培可以消灭的病虫害，在设施内难以绝迹。例如黄瓜枯萎病的病原菌孢子在土壤中越冬，设施土壤为其繁衍提供了理想的条件，发生后也难以根治。

135. 设施土壤环境如何调控?

①平衡施肥减少土壤中盐分积累，是防止设施土壤次生盐渍化的有效途径。过量施肥是蔬菜设施土壤盐分的主要来源，目前设施黄瓜生产中菜农盲目施肥现象严重，大量

的剩余养分和副成分积累在土壤中，造成土壤盐渍化，引起生理病害加重。要解决此问题，必须根据土壤供肥能力和黄瓜需肥规律，进行平衡施肥。

大量试验表明，每生产 1 000 kg 黄瓜需纯氮 2.6 kg，五氧化二磷 1.5 kg，氧化钾 3.5 kg。每 667 m^2 地产黄瓜 4 000～5 000 kg，需纯氮 10.4～13.0 kg，五氧化二磷 6.0～15.0 kg，氧化钾 14.0～15.7 kg。定植前每 667 m^2 施有机肥 5 000 kg，过磷酸钙 30～40 kg，硫酸钾 20～25 kg。初瓜期进行一次追肥。每 667 m^2 地施纯氮 3～4 kg，氧化钾 4～6 kg。盛瓜初期进行第二次追肥，每 667 m^2 地施纯氮 3～4 kg，氧化钾 5～6 kg。盛瓜中期进行第三次追肥，每 667 m^2 地施纯氮 3～4 kg。

②合理灌溉降低土壤水分蒸发量，有利于防止土壤表层盐分积累。灌溉的方式和质量是影响土壤水分蒸发的主要因素，漫灌和沟灌都会加速土壤水分的蒸发，易使土壤盐分向表层积聚。滴灌和沟灌是最经济的灌溉方式，同时又可以防止土壤下层盐分向表层积聚，是较好的灌溉措施。近年来，有的地区采用膜下滴灌的办法代替滴灌和沟灌，对防止土壤次生盐渍化起到了很好的作用。

③增施有机肥，有机肥肥力释放缓慢，腐熟的有机肥不易引起盐浓度的升高，同时还可以改善土壤的理化性状，疏松透气，提高含氧量，对作物根系有利。

④进行有效的轮作。

⑤土壤消毒，土壤中有病原菌、害虫等有害生物及其他的有益微生物，正常情况下这些微生物在土壤中保持一定的平衡，但连作年限过长会打破这种平衡，造成连作的危害。由于设施栽培有一定空间范围，为了消灭病原菌和害虫等有害生物，可以进行土壤消毒。

☞ 136. 连作为什么会造成减产?

菜地一般连作 4～5 年后产量就会逐年下降,品质变劣。这是因为:

①连作会导致土壤中氮磷钾的失衡。长期种植一种蔬菜,因其根系总是停留在同一水平上,该蔬菜大量吸收某种特需营养元素后,就会造成土壤养分的偏耗,使土壤营养元素失去平衡。如长期种植果菜类蔬菜会使土壤中钾消耗增多而氮积累。

②土传病害加剧。每种作物都有特定的土传病害,如黄瓜的枯萎病、西红柿的晚疫病,长期连作会使这些病害周而复始的感染为害,并且呈逐年加剧的趋势。

③根系有毒分泌物的积累。长期种植单一的蔬菜,其根系分泌的有毒物质就会积累,如黄瓜连作 5～9 年的土壤中酚酸类物质含量显著高于连作 1～3 年的土壤,酚酸类物质的积累会进一步抑制黄瓜根系的生长。

④连作会导致土壤理化性质的劣化。由于耕作、施肥、灌溉等管理措施固定不变,长期连作会导致土壤理化性质的劣化。

☞ 137. 蔬菜栽培中为什么要进行轮作?

作为与连作相对应的农业管理措施的轮作,能很好地解决连作产生的一系列问题,表现在:

①轮作能够均衡的利用土壤营养元素、提高施肥效果。不同蔬菜吸收土壤中的营养元素的种类、数量及比例各不相同,根系深浅与吸收水肥的能力也各不相同。因此轮作可以避免土壤养分失衡。

②轮作可以减少土传病害的发生。种植的蔬菜改变了，也就改变了土壤中病原菌的寄主和食物条件，同时有些蔬菜根系能够分泌一些灭菌素，对后茬作物的病害有抑制作用，如大蒜素就能抑制黄瓜枯萎病的发生。

③减轻化感作用。不同作物根系分泌物是不同的，轮作可以避免某种单一的有害的根系分泌物的积累。

④轮作能够改善土壤理化性质。不同蔬菜的根系数量和分布是不同的，留给土壤的有机质也不同，因此经常变换种植品种可以改善土壤结构，同时能够增加土壤中生物的多样性，有利于土壤的可持续利用。

☞ 138. 轮作应遵循什么样的原则？

①吸收土壤营养不同、根系深浅不同的作物轮作。如可安排需氮量大的叶菜类和需磷、钾肥量大的果菜类轮作，安排深根性的茄果类与浅根系的葱蒜类轮作。

②互不传染病虫害的作物互相轮作。同科蔬菜常感染相同病虫害，因此应避免将同科蔬菜连作。每年种植不同的蔬菜，可以使病虫害失去寄主，达到减轻或消灭病虫害的目的。

③能改进土壤结构的作物互相轮作。如根菜类蔬菜收获时刨后可以使土壤疏松熟化，是许多蔬菜的理想前茬。而根系发达的瓜类和宿根性韭菜，能遗留给土壤较多的有机质，有利于土壤团粒结构的形成。

④考虑作物的化感作用。利用作物根系分泌的杀菌素杀灭或抑制土壤病菌，防止或减轻邻近作物病害。如栽培葱蒜类后，种植大白菜可以减轻白菜软腐病。

由于蔬菜品种多，生长周期短，复种指数高，因此可以科学的安排温室内蔬菜茬口，来恢复和提高土壤肥力，减轻病虫害的为害，增加产量，提高品质。可以说轮作是一项极其重要并且极为有效的增产措施。

☞ 139. 日光温室黄瓜栽培有哪些主要茬口类型？

日光温室黄瓜栽培主要有三大茬口类型，即早春茬、秋冬茬和冬春茬。

(1)早春茬

早春茬黄瓜栽培的目的在于早春提早上市，解决早春淡季问题。日光温室早春茬黄瓜上市期比大棚黄瓜上市期提早45～60天。一般12月下旬至1月上中旬播种，2月上中旬定植，3月上中旬开始采收，7月上旬拔秧。

(2)秋冬茬

秋冬茬黄瓜栽培的目的在于延长供应期，解决深秋、初冬淡季问题，日光温室秋冬茬黄瓜比大棚秋延后黄瓜供应期长30～45天。一般8月下旬至9月上旬播种，9月下旬定植，10月中旬始收，新年前后拔秧。

(3)冬春茬

秋末冬初(10月中下旬至11月上旬)，在日光温室播种的黄瓜，幼苗期在初冬渡过，初花期处在严冬季节，1月份开始采收上市。采收期跨越冬、春、夏三个季节，收获期长达150～200天，整个生育期长达8个月以上的茬口安排，叫做冬春茬黄瓜。冬春茬黄瓜是三北地区栽培面积最大，技术难度最大，也是效益最高的茬口。

☞ 140. 设施园艺对透明覆盖材料有哪些要求？

(1)透光性

透明覆盖材料最主要的功能是采光，要满足设施内作物对光量和光质的要求。理想的透明覆盖材料应在波长350～3 000 nm的可见光和近红外光范围内透过率高，400～700 nm是光合合成有效辐射所在波段，而760～3 000 nm波段有热效应，所以该波段透过率高，有利于作物的光合作用和室内增温。

(2)强度

覆盖材料是设施的维护物，常年暴露在大自然中，因此必须结实耐用，经得起风吹、雨打、日晒、冰雹的冲击和积雪的压力，同时还得经得起运输、安装过程中受到的拉伸挤压。归纳起来主要受到以下几种力：①冲击力，如冰雹、刮风引起风沙磨损；②积雪对覆盖物施加的稳定而持久的横向负载；③安装时受到的拉伸力；④园艺设施不光滑的骨架对覆盖材料的磨损等。

(3)耐候性

所谓耐候性，通俗地讲就是防止老化的功能，这关系到覆盖材料的使用寿命。覆盖材料的老化至少应该包括两方面的含义：一是覆盖材料在强光和高温下变脆从而自动撕裂；二是透光衰减，随着覆盖材料使用时间的增长，透光率变低，以至于不能满足设施生产的需求，失去使用价值。为了抑制薄膜的老化进程，延长使用寿命，需要在生产塑料薄膜时添加光稳定剂、热稳定剂、抗氧化剂和紫外线吸收剂等助剂，成为有防老化功能(或耐候性强)的覆盖材料。

(4)防雾防滴性

园艺设施内经常是一种高湿环境，当温度降到露点温度以下时就有可能在室内生成雾，或在覆盖材料内表面上生成雾滴。雾气弥漫或表面被水滴沾满，将大大降低覆盖材料的透光率，也影响室内的增温，同时雾滴和露滴容易使植物的茎叶润湿，诱导病害的发生和蔓延。为了克服这些缺点，需要在生产薄膜时增加防雾滴剂。从设施园艺生产的角度看，要求防雾滴功能持续时间长，而且防雾和防滴同步。目前我国农膜在这方面的差距较大，不仅防雾滴的持效期短，而且往往防滴不防雾。

(5)保温性

设施园艺生产要求覆盖材料具有较高的保温性能，以减少冬春能源消耗。为了增加薄膜的保温性能，在生产时需要添加红外阻隔剂，阻挡设施内向外界散失的热辐射，保持室内温度。

141. 棚膜的种类有哪些，各有什么特点?

棚膜品种规格多，性能各异。从树脂原料上分，有聚乙烯、聚氯乙烯和乙烯-醋酸乙烯，用这 3 种基础树脂制成的普通膜厚度均为 0.1 mm 时，以聚氯乙烯薄膜的保温性能最好，增加保温剂后能显著改善其他二者的保温性能。聚氯乙烯和乙烯-醋酸乙烯防雾滴持效期长，而聚乙烯时间短。从结构性能上分为普通膜、防老化膜、长寿膜、双防膜、多功能膜、多功能复合膜等。普通膜的连续覆盖使用期为 4～6 个月，膜面易结露滴，影响透光，聚乙烯膜和乙烯-醋酸乙烯普通膜保温性较差；防老化膜的连续使用期为 10～12 个月，连续覆盖可越过一个夏季，但不具防雾滴性，保温性也无改善；长寿膜是相对防老化膜而言的，就是连续覆盖使用期比防老化膜长，在 24 个月以上，连续覆盖可越过两个夏季，其他与防老化膜一样；双防膜除具有防老化膜的特性以外，还具有防雾滴性；多功能膜除具有防雾滴、防老化性能外，还具有保温、散射光透过率高的特性，有的还具有一定的防病功能。此外还有茄子膜、韭菜膜等特殊功能的膜。多功能、高效能、复合型薄膜是我国今后棚膜发展的主要方向。不同薄膜的主要性能见表6。

表6 不同薄膜的主要性能

类别	防老化性连续覆盖时间(月)	防雾滴持效性(月)	保温性	透光性	慢散射性	防尘性	转光性
PVC 普通膜	4~6	无	优	前优后差	无	差	无
PE 普通膜	4~6	无	差	前良后中	无	良	无
PVC 防老化膜	10~18	无	优	前优后差	无	差	无
PE 防老化膜	12~18	无	差	前良后中	无	良	无
PE 长寿膜	24 以上	无	差	前良后中	无	良	无
PVC 双防膜	10~12	4~6	优	前优后差	无	差	无
PE 双防膜	12~18	2~4	中	前良后中	弱	良	无
PE 多功能膜	12~18	无	优良	前良后中	中	良	无
PE 多功能复合膜	12~18	3~4	优良	前良后中	中	良	无
EVA 多功能复合膜	15~50	6~8	优	前优后中	弱	良	无
PE 漫散射膜	12~18	无	中	中	强	良	无
PE 防雾滴转换膜	12~18	2~4	中	前良后中	弱	良	有

注:PE 为聚乙烯膜,PVC 为聚氯乙烯膜,EVA 为醋酸乙烯膜。

142. 我国薄膜的质量如何?

目前我国薄膜的防老化水平较低,使用寿命偏短。普通棚膜的防老化寿命一般只能达到连续覆盖4~6个月。聚氯乙烯防老化膜和双面膜由于易析出,特别是在高温弱光下,增塑剂向表面迁移速度快,导致透光率大幅度下降,故不宜作越夏连续栽培。多进行秋扣棚连续覆盖到初夏,使用寿命8~10个月。而且由于添加了紫外线吸收剂,会阻碍植物花青素的合成,不宜用于覆盖紫茄子。聚乙烯防老化膜和双防膜无增塑剂析出问题,可作越夏连续栽培,但防老化寿命也只能达到连续使用12～18个月，即只能用一个夏季。而国外棚膜的防老化寿命可达连续覆盖3～5年甚至更长。如日本米可多株式会社研制的斯巴索拉连续使用寿命可达8年。当代先进国家的防雾滴棚膜性能优良，流滴持效期可达1～8年，基本上与防老化寿命同步，且既防滴又防雾，而国产聚乙烯双防膜的流滴持效期只有2～4个月，聚乙烯多功能复合膜的流滴持效期为4～6个月，乙烯醋酸乙烯多功能复合膜的流滴持效期也不过6～8个月，多数国产防雾滴膜都存在防滴不防雾的问题。由于我国防雾滴膜的流滴持效期短，且常有雾气产生，致使覆盖防雾滴膜的棚室内易发生和蔓延病害。

☞ 143. 调光薄膜有哪几种?

(1)漫反射膜

漫反射膜可以使直射阳光透过薄膜后在棚室内形成均匀的散射光。漫反射膜具有一定的光转换能力，能把部分紫外线吸收变成较低的可见光，紫外线透过率减少，可见光透过率略有增加，有利于作物对光合有效辐射的利用，减少病害的发生。漫反射膜覆盖的棚室内是比较均匀的散射光，作物群体受光比较一致。阴天太阳光不是很强的时候，保温性能明显高于普通膜，晴天日射强烈的中午前后，由于漫反射膜对中红外区的阻隔，气温反而低于普通膜，而夜间因为漫反射膜热辐射透过率低而使气温高于普通膜。

(2)转光膜

在各种功能性聚乙烯薄膜中添加某种荧光化合物和介质助剂而成，这种薄膜具有光转换特性，该薄膜受到太阳光照射时可将吸收的紫外线区能量的大部分转化成为有利于植物光合作用的橙红光。转光膜的另一个显著特点是保温性能较好，尤其是在严寒的12月份和翌年1月份更显著。

(3)紫色膜和蓝色膜

紫色膜和蓝色膜有两种，一种是在无滴长寿聚乙烯膜基础上加入适当的紫色或蓝色的颜料；另一种是在转光膜的基础上添加蓝色或紫色颜料。2种薄膜的蓝紫光透过率均增加。紫光膜适用于韭菜、芹菜、茴香、莴苣和叶菜类；蓝色膜对防止水稻育秧时烂秧效果明显。

144. 黄瓜生产中怎样使用反光幕?

反光幕即镀铝聚酯，通常用于冬季和早春的温室栽培。作用表现在有较好的增光作用，能够提高地温和气温，可以提高黄瓜秧苗的质量，能够达到增产增收的功效。

张挂反光幕的方法　先按照日光温室的长度、高度剪下反光幕2或3幅，再用透明胶布粘合固定为一体。用细铁丝沿东西走向，把反光幕张挂在中柱或后墙前。

张挂反光幕时间　主要在冬季和早春，一般在11月至翌年的3月，张挂时间不宜过长，否则会造成强光和高温危害，反而影响黄瓜的生长发育。

反光幕的选择　铝易氧化，不耐酸碱，聚酯镀铝在温室高湿的环境条件下易脱落，因此最好选用外层覆有塑料薄膜的镀铝聚酯反光幕。

应用反光幕应注意的问题　育苗时最好在反光幕前留50 cm宽的过道，再按东西走向做成2 m宽的畦，使畦内温光条件基本一致，从而达到苗齐苗壮的目的。另外黄瓜定植初期，在靠近反光幕处，要注意补浇水，防止烧伤幼苗。

☞ 145. 黄瓜生产中常用的地膜有哪些种类？各有何作用？

地膜覆盖栽培，就是用适宜厚度的塑料薄膜作地面或近地面覆盖材料，进行保护栽培。这是最简易的一种保护地栽培形式，投资不大，操作简便，增值显著，效益很高。一般每公顷可净增产值 1 500 元左右，东北、西北地区，可净增 3 000～4 500 元。地膜覆盖还有省工、节水、节肥的优点，因而栽培面积很大。

(1)普通地膜

具有增强土壤或地表温度，保水提墒，抑制盐碱，防止肥水流失，增加光照，优化土壤理化性质，减轻病虫草害等的功效。它有两种类型：

A. 广谱地膜　为 0.012～0.016 mm 厚的透明膜，增温保墒能力较好。适用于各种覆盖方式，但以越冬蔬菜及春播蔬菜覆盖效果更好。幅宽（单幅，下同）多位 70～250 cm，每千克地膜覆盖面积为 69～90 m^2。

B. 微薄地膜　为 0.008～0.01 mm 厚的透明半透明膜。增温、保墒功能接近广谱地膜。幅宽为 80～120 cm。每千克地膜理论覆盖面积为 108～135 m^2。

(2)特殊地膜

A. 黑色地膜　为 0.015～0.025 mm 厚的黑色膜，主要用于草害重，对增温效应要求不高的地区或季节覆盖或软化覆盖栽培。幅宽为 100～200 cm，每千克覆盖面积为 43～72 m^2。

B. 黑白两面地膜　这是一种两层复合膜，一层为乳白色，一层为黑色，适用于高温季节防草、降温覆盖栽培。这种地膜厚为 0.025～0.04 mm，幅宽 80～120 cm。

C. 微孔地膜　这种地膜上带有微小的孔，每平方米2 500个，适用于南方温暖湿润气候条件下作地面覆盖栽培，这种地膜的厚度在0.015 mm以上，幅宽100～120 cm。

D. 避蚜地膜　是利用蚜虫对银灰色有较强的反趋向性，有翅蚜见银灰色便逃之夭夭这一特性，防治病毒病的发生和蔓延。这种地膜厚度一般为0.015～0.02 mm，幅宽80～120 cm，特别适用于各种蔬菜覆盖栽培。

E. 除草地膜　是在普通地膜的一面，混入或吹附上除草剂，覆盖时将载有除草剂的一面贴地，使其具有除草作用，特别适用于草荒严重的田块地面覆盖栽培。

F. 预置种植孔地膜　为了方便播种和定植，在生产地膜的过程中，按覆盖作物的行株距配置要求，在地膜上预置好种植孔，铺膜后不用打孔即可种植或定植，这样既省工，又标准。

146. 地膜覆盖方式有哪几种？各有何特点？

(1)高畦栽培

这是地膜覆盖最基本的形式，一般畦高10～30 cm，畦背宽60～90 cm略显龟背形，畦底连畦沟宽100～110 cm，覆盖80～100 cm宽的地膜(图15)，主要应用于黄瓜早熟栽培。

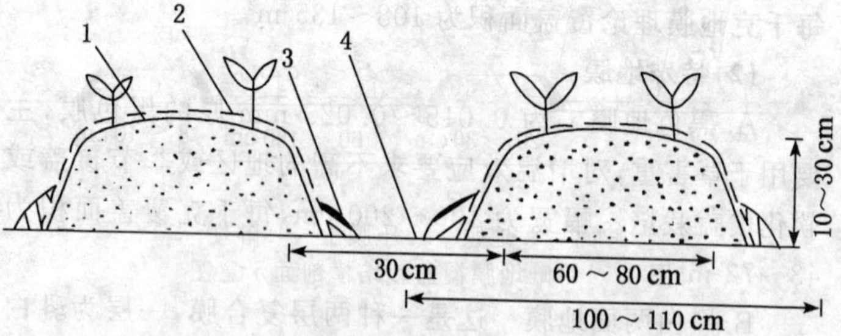

1. 畦面　2. 地膜　3. 压膜土　4. 垄沟

图15　高畦地膜覆盖栽培横剖面示意图

(2)高垄覆盖

一般垄高 5～15 cm，畦背宽 35～45 cm，垄距 60～70 cm，覆盖 60～95 cm 宽的地膜(图 16)，适应于各地早熟黄瓜栽培。

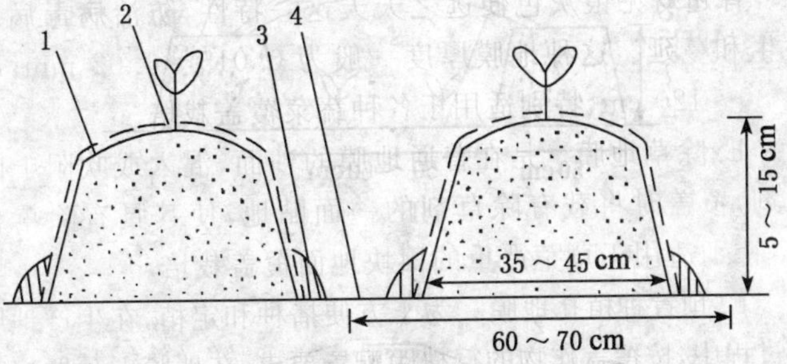

1. 畦面　2. 地膜　3. 压膜土　4. 垄沟

图 16　高垄地膜覆盖栽培横剖面示意图

(3)平畦覆盖

一般畦面宽 60～150 cm，畦埂底宽 20～30 cm，畦埂高出畦面 8～10 cm(图 17)。适应于干旱地区特别是西北和青藏高原或北方盐碱地区种植黄瓜。

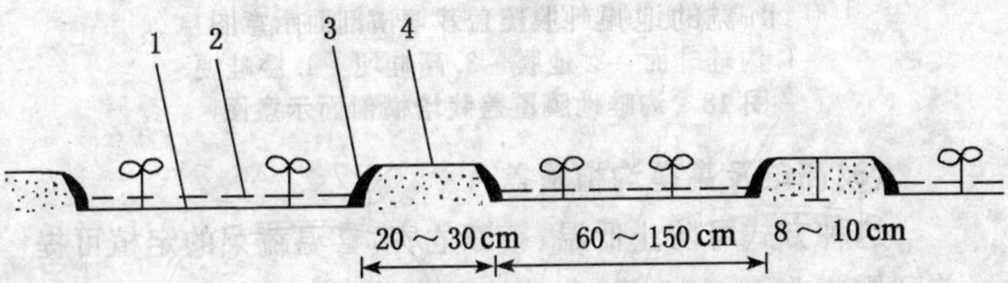

1. 畦面　2. 地膜　3. 压膜土　4. 畦埂

图 17　平畦地膜覆盖栽培横剖面示意图

(4)沟畦覆盖

规格和覆盖方式(图 18)。此方式适用于北方春季少雨干旱地区喜温果菜类蔬菜春提前栽培。春雨多的地区和地下水位高的田块不宜采用这种方式。

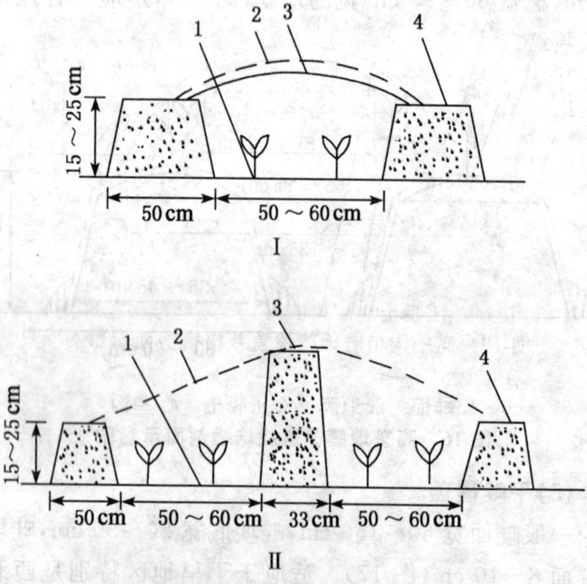

Ⅰ槽型沟畦地膜覆盖栽培横剖面示意图

1. 沟畦畦面　2. 地膜　3. 支撑物　4. 畦埂

Ⅱ高矮埂沟畦地膜覆盖栽培横剖面示意图

1. 沟畦畦面　2. 地膜　3. 高畦埂　4. 矮畦埂

图 18　沟畦地膜覆盖栽培横剖面示意图

(5)高畦及高垄沟植覆盖

这种方式可防止低温、霜冻危害，喜温蔬菜的定植可提前到霜冻前 10～15 天，蔬菜成熟期提前 7～12 天，前期产量增加 60％以上。规格及覆盖方法如图 19 和图 20 所示。这是一种良好的早熟栽培方式，适用我国秦岭以北广大地区早春定植或播种的黄瓜栽培。特别是早春风沙大的地区，应用这种覆盖方式更有其特殊意义。

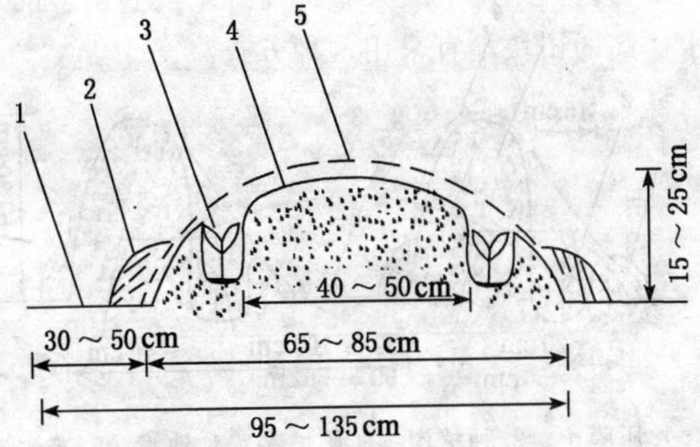

1. 畦沟　2. 压膜土　3. 栽植沟　4. 高畦畦面　5. 地膜

图 19　高畦沟植畦地膜覆盖栽培横剖面示意图

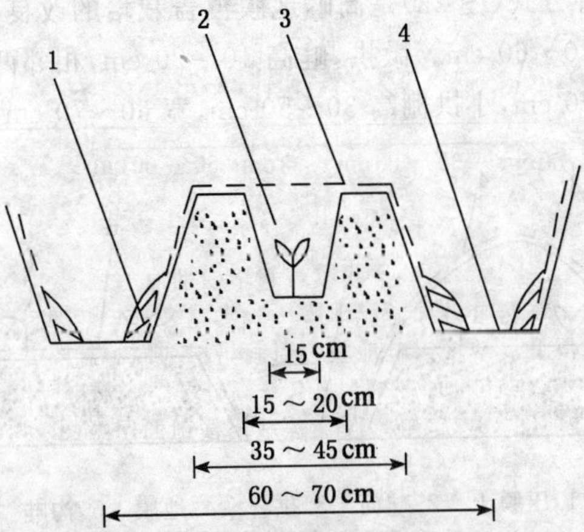

1. 压膜土　2. 栽植沟　3. 地膜　4. 垄沟

图 20　高畦沟植畦地膜覆盖栽培横剖面示意图

(6)阳坡垄沟植覆盖

这种方式的规格及覆盖方法如图 21 所示。一般可在终霜期前 20～30 天播种，或终霜前 15 天左右定植。适用于长江以北地区黄瓜早熟栽培。

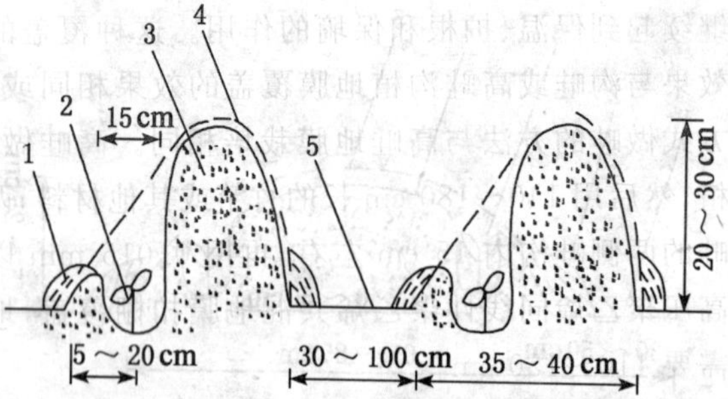

1. 压膜土　2. 种植沟　3. 阳坡垄　4. 地膜　5. 垄沟

图 21　阳坡垄沟植地膜覆盖栽培横剖面示意图

(7)高畦地膜小拱棚覆盖栽培

这种方式(图 22)是高畦地膜覆盖栽培的改良式,一般畦背宽 40～60 cm。微拱,畦高 10～20 cm,相邻两畦的间距 50～70 cm,小拱棚高 30～50 cm,宽 60～70 cm。

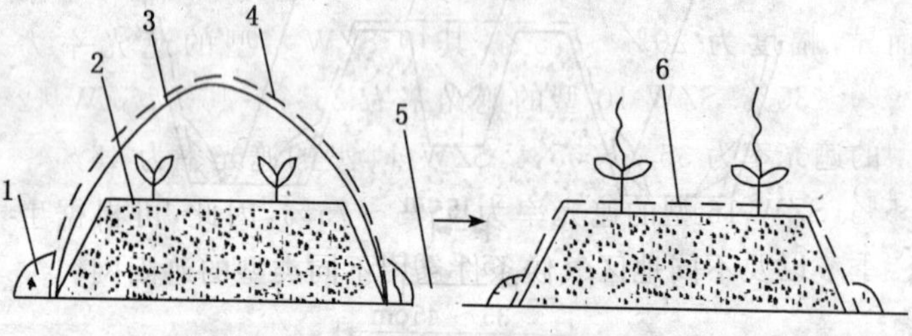

1. 压膜土　2. 畦面　3. 拱杆　4. 地膜　5. 沟畦

6. 终霜后地膜改作畦面覆盖后的畦式

图 22　高畦地膜覆盖小拱棚栽培剖面图

这种覆盖方式,是将地膜先作天膜搭成小拱棚,使秧苗在小拱棚的保护下,能在终霜期前 10～15 天定植下地。终霜过后当外界气温适宜黄瓜生长时,再拆除拱杆,把地膜落盖到栽培畦上,然后再每株黄瓜苗顶上挖洞把苗引出膜上,地膜继续起到保温、护根和保墒的作用。这种覆盖的早熟增产效果与沟畦或高畦沟植地膜覆盖的效果相同或略好。这种方式做畦的方法与高畦地膜栽培相同。高畦做好后，先定植，然后用140～180 cm长的竹竿或其他材料，两端插入高畦的两侧畦沟内15 cm左右，再用0.015 mm以上厚度的高压聚乙烯同线性聚乙烯共混地膜扣棚覆盖，地膜的宽度需要110～150 cm。

☞ 147. 遮阳网有哪些种类？

目前，我国生产的遮阳网按宽幅可分为90 cm、140 cm、150 cm、160 cm、200 cm和220 cm 6种。按颜色可分为黑色、白色、银灰色、绿色、蓝色、黑与银灰色相间等几种；按其纬编的稀密度不同，其规格又分为SZW-8、SZW-10、SZW-12、SZW-14、SZW-16 5种主要型号。其遮光率因型号不同而异，幅度为20%～75%，其中SZW-8型的遮光率为20%～35%，SZW-10型的遮光率为25%～45%，SZW-12型的遮光率为35%～55%，SZW-14型的遮光率为45%～65%，SZW-16型的遮光率为55%～75%，因此，可根据生产季节以及不同地区气候条件选用不同类型的遮阳网。

☞ 148. 遮阳网覆盖有哪些特性？

遮阳网覆盖后具有以下特性：

(1)减轻暴雨对蔬菜直接冲击

遮阳网覆盖后能把暴雨化为小雨，防止雨水对种子、幼苗、植株和土壤的直接冲击。试验表明，遮阳网覆盖后，暴雨的冲击力由于受到网的阻挡而减弱，遮阳网下的雨水的冲击力可减弱90%以上。由于遮阳网覆盖减轻了雨滴的机械冲击力，对植株叶片的破坏也相应减轻，同时遮阳网覆盖后防止大雨滴直接冲刷土壤表面，因此防止了土壤板结，通气性好，利于根系生长。如果采用一网一膜覆盖法，其防雨效果更好。在平棚覆盖时，把棚架搭成倾斜状的斜平棚，防雨效果又好于普通平棚。

(2)防止夏秋季节的强光辐射

试验证明，不同颜色、不同密度的遮阳网，其遮光率不同，一般在 20%～75%之间，夏秋季节晴天中午外界光强一般均在 8 万～12 万 lx，而一般喜温果菜的光饱和点多为 3 万～5 万 lx，喜凉叶菜光饱和点为 2 万～3 万 lx。因此夏秋季节蔬菜生产都有强光胁迫。遮阳网覆盖可降低强光对蔬菜的伤害。李式军等研究了大棚覆盖不同型号遮阳网在不同天气条件下的遮光率，结果见表 7。结果表明黑网较灰网、高密度较低密度、同型号者晴天较阴天的遮光率要大。但网孔大的黑 8 和灰 8 晴天透过直射光多，故遮光率与其他型号不同，晴天少于阴天。各型号遮光率大致上是灰 8 约 33%，灰 10、灰 12 为 45%～50%，黑 8 为 60%，黑 10、黑 12 为 65%～70%，因此，晴热型夏季即使使用遮光率为 70%的黑网，网下光强仍能满足喜凉叶菜对光强的要求，但在夏季以多云阴天为主时，覆盖遮光率高的网型，则有光强不足，出现负效应的可能。

(3)遮阳网覆盖后的温度特性

夏季降温效果明显。南京农业大学园艺系测试了遮阳网不同覆盖方式下的降温效果，结果如表 8 所示。当外界最高气温为 38.6℃时，大棚覆盖黑网、灰网的降温效果最好，降温幅度为 4.6～5.6℃，浮面覆盖降温效果最差，降温幅度为 0.5～1.6℃；拱棚覆盖降温效果居中，降温幅度为 2.2～5.0℃。

此外，冬季的增温效果也非常显著。遮阳网与塑料薄膜一样，还具有良好和抗寒保温作用，可用于晚秋防早霜，冬季防冻害和早春防晚霜覆盖。据淮北蔬菜所1990～1993年试验，大棚外覆盖遮阳网，气温可比露地提高2.0～2.5℃，且气温越低，增温效果越明显。镇江市气象研究所的调查结果表明，在3月上旬用遮阳网浮面覆盖，网下5 cm土温、地表温度夜间均比露地分别高出1.0～1.5℃、1～3℃；网下作物叶片上方、叶片和叶肉内温度，从夜间21时至凌晨0时，均高于未覆盖的作物。

表7　不同型号遮阳网的日平均遮光率和网下光强
(1992－1993年，南京)

型号	天气类型	遮光率(%)	照度($\times 10^4$ lx)
对照	晴	0	5.4～9.32
	多云、阴	0	3.54～4.85
灰SZW-8	晴	33	3.64～5.92
	多云、阴	40	2.07～3.13
灰SZW-10	晴	45	2.84～5.56
	多云、阴	42	1.90～3.29
灰SZW-12	晴	48	2.39～5.18
	多云、阴	47	1.77～2.90
黑SZW-8	晴	57	1.72～4.19
	多云、阴	63	1.32～2.14
黑SZW-10	晴	67	1.76～3.26
	多云、阴	65	2.16～2.52
黑SZW-12	晴	70	1.34～2.97
	多云、阴	66	1.15～1.78

表8　不同覆盖方式降温效果
(1993年，南京)　　(℃)

种类型号	大棚覆盖	拱棚覆盖	浮面覆盖
黑SZW-10	－5.5	－5.0	－1.6
灰SZW-10	－4.6	－2.2	－0.5

(4)遮阳网覆盖的防风、防日射害特性

遮阳网覆盖后还有挡风作用。据镇江市气象研究所测定，将遮阳网用作挡风障，风速为6.6 m/s的情况下，距离风障10 cm处风速减弱为2.2 m/s，距离挡风网25 cm处减弱为0.5 m/s，超过50 cm，风速就减为0。在风速较大情况下，露地浮面覆盖的保温效果降低，而在大棚内对菜体进行浮面覆盖，保温效果比露地高。

冬季遇强寒流袭击，作物在夜间受冻害，若第二天作物马上裸露在太阳光的直射下，快速升温，则受冻作物体内细胞因迅速脱水而受害死亡，植株呈溃烂状，称为"日射害"。遮阳网覆盖后，不论是地温、地表温度或近地面气温与不覆盖相比，温度上升都比较缓慢。如灰网浮面覆盖，凌晨6时地表温度为－0.5℃，未覆盖的对照为－2.6℃；8时覆盖下地表温度只上升了3.1℃，而对照已上升了5℃；到9时，覆盖的上升5℃，而对照猛升了10.3℃。再从覆盖作物植株叶面和叶肉内温度上升情况来看，未覆盖的从早晨6时到上午9时，分别从－3.4℃，－2.6℃迅速上升到16.8℃和13.6℃，3 h内分别上升20.2℃和16.2℃，远远高于覆盖的。因此，遮阳网覆盖有效地控制了植株叶温的回升速度，从而大大地减轻了冬季蔬菜受低温冻害后强日射所带来的危害。

(5)保墒防旱、调节土壤水分

遮阳网覆盖后可减少地面水分蒸发。南京农业大学园艺系比较研究了几种不同型号遮阳网大棚覆盖条件下对土壤蒸散量的影响，结果认为，大棚覆盖下地面蒸散量的减少率与网的遮光率基本同步，遮光率在45%～55%范围内的遮阳网覆盖，蒸散量比露地约减少1/3多，而遮光率为65%～75%的遮阳网，其蒸散量比露地减少约2/3，明显改善了覆盖环境的水分状况，较露地也相应节约浇灌用水1/3～2/3。

(6)避虫防病

据广州市孙志鸿等报道，当地菜心采用小拱棚覆盖灰色遮阳网，避蚜效果高达88.8%～100%，由蚜虫引起的菜心花叶病毒病的防治效果达89.9%～95.5%，平均增产67%～143%，每667 m^2 增值154.3～312.8元/茬，这与日本在城市近郊菜地，采用全封闭小拱棚或平棚进行沙网覆盖，拒避世代交叠的顽固性害虫小菜蛾、菜螟、叙纹夜蛾虫等的经验是相同的。

☞ 149. 夏季不同最高气温条件下遮阳网覆盖的降温效果如何?

南京农业大学园艺系在1992—1993年，研究了不同气温、不同类型遮阳网大棚覆盖栽培条件下的温度效应，结果表明，遮阳网覆盖降温效果最显著的部位是地表，显著降低了地面温度，进而影响地下、地上各20 cm范围的土温和气温，不同气温条件卜的地面降温效果不同，结果如表9所示。当外界最高气温在35～38℃时，露地地面最高温度的平均值为48.6℃，上限温度为56.2℃、下限为41.0℃，大棚覆盖遮阳网的地面降温幅度为8.2～12.9℃，以遮光率高的黑网降温效果最佳。

当外界最高气温为30～35℃时，此时露地地面最高温上限为44.5℃，下限为33.7℃，平均为39.1℃，各种类型遮阳网覆盖后地面最大降温幅度为5～9℃，平均降温幅度为3～6℃，下限降幅不到1℃。当外界最高气温为25～30℃时，露地最高温度在26.8～41.4℃之间，平均值为

34.1℃，各种遮阳网的地面平均降温效果为3～5℃，有的甚至出现升温现象。

表9 室外不同最高气温下遮阳网的地面降温效果 ℃

最高气温	网型	平均降温值	最大降温值	最小降温值
35.1～38.0	灰10	8.2	13.4	3.0
	灰12	8.7	13.9	3.4
	黑8	11.3	16.4	6.2
	黑10	12.2	17.4	7.0
	黑12	12.9	18.2	7.6
30.1～35.0	灰8	2.8	4.8	0.8
	灰10	3.4	6.1	0.7
	灰12	3.8	6.4	1.2
	黑8	4.6	7.1	2.1
	黑12	5.6	8.9	1.2
25～30	灰8	3.1	6.9	+0.7
	灰10	3.2	6.4	±0.0
	灰12	3.0	6.9	0.3
	黑8	4.8	8.4	0.7
	黑12	4.7	8.9	1.0

☞ 150. 黄瓜遮阳网覆盖栽培主要应用在哪些时期？有哪些关键技术？

根据黄瓜生长发育对温光条件的要求，在7～8月份，不论南方还是北方生产黄瓜都有高温强光逆境问题，尤其是苗期、定植缓苗期的高温、强光对黄瓜的生育不利，因此进行黄瓜遮阳网栽培，也是夏秋季节栽培黄瓜丰产的关键措施之一。黄瓜遮阳网覆盖栽培的技术关键是网型的选择、覆盖时期及覆盖方式以及揭盖管理，使遮阳网覆盖后既满足了黄瓜生育对温光的要求，又要避免因管理失误而带来的负效应。

不同颜色、不同规格的遮阳网，其遮光率不同，不同的蔬菜种类对光照的要求及其光合作用的适宜光照强度也是不同的，因此，应根据覆盖期间的光照强度，天气变化选择适宜遮光率的遮阳网，以满足作物生长发育对光照条件的要求。就黄瓜栽培而言，所选遮阳网的遮光率以30%～50%为宜，在不同应用时期，要根据实际情况灵活掌握。例如，在黄瓜嫁接育苗过程中，在成活之前可选遮光率高的黑色遮阳网覆盖，但在定植后缓苗过程及后期生长过程中所选遮阳网则应以透光率高的灰网为佳。

☞ 151. 黄瓜育苗期遮阳网覆盖的技术要点有哪些？

遮阳网覆盖在黄瓜育苗上的应用时期是夏秋高温强光季节，一般是秋露地黄瓜，大棚秋延后黄瓜和秋冬茬日光温室黄瓜生产上的育苗。

秋露地黄瓜和大棚秋延后黄瓜的育苗一般均采用直播法，这种方法由于不移栽不伤根，土壤传播病害较轻，秧苗生长良好，长势较强，但缺点是用工多，苗期管理难度大，如在大棚内遇高温，秧苗易徒长细弱。此茬口黄瓜育苗正值7月份的高温强光季节，病虫害较多，播种时必须对种子进行消毒处理，可用温汤浸种或药剂消毒。温汤浸种时先将种子放在常温水中浸泡30 min，再用55℃恒温热水烫种10～15 min，然后在常温水中浸种4～6 h。药剂消毒可用0.1%高锰酸钾浸种10～15 min，然后用清水洗净进行催芽，催芽温度28～30℃，待种子露白即可进行直播。

为促进高温季节黄瓜出苗整齐，幼苗健壮，播种后可采用遮阳网覆盖。覆盖方式可采用浮面覆盖、平棚覆盖和大棚覆盖等方式。若采用浮面覆盖育苗，则播完种子盖上一层薄土后，即盖上遮阳网，并立即淋水，以提高出苗率，出苗后立即升高遮阳网，在南方多暴雨地区，可改用小平棚覆盖遮阳网。若采用大棚覆盖育苗时，最好采用一网一膜覆盖方式，遮阳网的型号，不论浮面覆盖、平棚覆盖或大棚覆盖，都以遮光率较低的灰网或密度较小的黑网（如 SZW-8 型黑色遮阳网）为宜。

秋冬茬日光温室黄瓜生产的育苗时间一般在 8 月下旬 9 月初，此茬黄瓜结瓜期正处于低温弱光的冬季，为促进其在低温弱光季节的生长发育，生产上多采用嫁接育苗技术，嫁接后成活前的管理重点是温度、湿度和光强的管理。温度管理要点是嫁接后前 3 天白天保持 25～28℃，夜间 17～20℃，4 天后开始通风降温，白天 22～26℃，夜间 14～17℃。湿度管理是给嫁接苗浇透水，扣严小拱棚，前 3 天拱棚内湿度保持在 95％左右，4 天后空气相对湿度应保持 80％左右。光的管理是进行遮光，以减少植株水分蒸腾和养分消耗。嫁接后前 3 天必须进行遮光，但不要遮得太严。要尽量使棚内多见些散射光以利于嫁接苗成活。目前生产上普遍应用的遮光材料是遮阳网。若在日光温室或塑料大棚内育苗，可采用遮光率较高（65％～70％的黑色遮阳网）的遮阳网直接覆盖于大棚或日光温室骨架上进行遮阳，也可在小拱棚上直接覆盖遮阳网。4 天后 10～15 时遮光，其余时间不遮光。6 或 7 天后撤除遮阳网，实行全天见光。

☞ 152. 黄瓜移栽后的遮阳网覆盖技术要点是什么？

黄瓜移栽后遮阳网覆盖技术主要应用于大棚秋延后栽

培和日光温室秋冬茬黄瓜生产上。

大棚秋延后栽培黄瓜采用育苗移栽方式，其定植期多在温度较高的7月下旬至8月上旬定植，定植后为促进缓苗，多采用遮阳网覆盖栽培，覆盖方式仍以一网一膜为最好，可同时兼有避雨、遮阳、降温几大功能，优化栽培环境，促进黄瓜缓苗。网型选择遮光率35%左右的灰网，一般于定植后覆盖7天左右，缓苗后揭网。如果播种期较早，营养生长期、结瓜初期温度还较高，气候还较恶劣时可考虑延长覆盖时间。但黄瓜进行遮阳网覆盖栽培，除出苗前，嫁接成活期及定植后缓苗期全天候覆盖外，一般均采用活动式遮阳网，可自由拉上拉下。晴天一般上午10时拉上网，下午3～4时撤网，阴雨天不覆盖，棚内温度在30℃以下不拉网，因此在北京地区，一般在8月底，9月初以后，除特殊需要，栽培黄瓜均不需要继续进行遮阳网覆盖。

七、病虫害防治

153. 造成黄瓜病虫害发生的原因有哪些?

病害的发生原因，露地、大棚和温室内病害的发生和流行，必须具备以下 3 个条件：

①有一定数量的病原菌。

②有发病的适宜温湿度等环境。

③有易感病的黄瓜植株，再通过一定的传播途径，即可发病、流行。

154. 病原菌主要通过哪些途径侵染黄瓜?

病原菌的存在是黄瓜植株发病的先决条件。病原物包括真菌、细菌和病毒。这些病菌都附着或寄生在一定物体上，待条件适宜时，经过一定途径传播到植株，即发病危害。病原菌存在的地方主要有：

(1)商品菜大范围的运输

蔬菜的大发展，必然造成病害的增多与流行。大范围的运输和销售，不严格的检疫，使某些病菌传入非发病区，而造成发病，流行。

(2)种子

黄瓜种子是黄瓜细菌性角斑病、炭疽病、蔓枯病等多种病菌越冬越夏的场所之一。有的寄生在种皮内，有的附着在种皮上，有的是混在种子中间。目前，温汤浸种、药液浸种、药剂拌种、干热处理等种子处理技术可有效消灭种子上携带的病菌。

(3)苗床

黄瓜栽培,采用育苗移栽方式,育苗床选择在定植棚内,定植棚连年栽培,病菌较多,必然污染苗床。同时,取用的苗床土有的是从种植过瓜类或病害发生严重的地块采取的。或是施用的有机肥带病菌或未腐熟都会使苗床带菌。

(4)大棚温室设施、材料等带菌

很多病菌可附着在大棚温室的骨架、棚膜、墙壁上。立架栽培所用的竹竿及连续使用的尼龙吊绳,也可附着病原菌,这些病菌也会成为病害的侵染源。

(5)秧苗带菌

在定植前,没有经过挑选,淘汰秧苗,也未集中进行喷药等防治措施,将会使苗期病菌带入定植棚内,成为将来的发病中心。

(6)病株残体、杂草、未腐熟的有机肥带菌

病株残体是细菌性角斑病、炭疽病、蔓枯病等多种病原菌越冬越夏的场所。前茬作物收获后清理不及时,残根秧叶果实未清理干净,未深埋或焚烧,大量的病原菌在田间,一旦条件适宜,就会侵染黄瓜致病。田间的杂草也是多种病菌、病害的寄生和越冬的场所。使用带有病原菌的有机肥,如果不腐熟,病菌仍会侵染黄瓜植株。

(7)土壤带菌

土壤带菌是黄瓜发病的主要原因。多数的土壤中含有多种致病的病菌,如枯萎病、菌核病等,其可在土壤中腐生存活多年,但由于浓度数量不足,不一定会发病,但在多年重茬,连作的大棚温室中病原菌积累较多,而发病严重。

(8)灌溉水带菌

灌溉用的河水、渠水含有较多的病原菌,利用这种水灌溉黄瓜,也会导致病害的发生。水中含有病原菌,一般是从带菌的土壤,病株残体上冲刷上去的,只要注意灌溉水不流

经带菌的土壤，或病株残体，既可减少病菌。

(9)昆虫传菌

蚜虫，白粉虱在吸食有病毒病的植株后，成为带菌源，再吸食健壮植株后，成为带菌源而传播病害。

(10)人体带菌

管理员在发生病害的田块操作后，衣服上沾有病菌，进入未发病的田块，传入病菌。整枝打杈时，接触过发病株，再对健壮植株管理，也会传播病害。

155. 黄瓜病害发生和流行的环境条件是什么？

不同的病害侵染，发生流行均需要适宜的环境条件。在所有环境条件中，以温湿度最为重要。除病毒病等少数病害发生需要在高温干旱的条件下外，大多数病害适于在温和高湿的条件下，尤其是在叶片吐水结露或伤口湿润的情况下侵染植株而发生。这是因为大多数真菌孢子的萌发，菌丝的发育离不开水分的缘故。不同的病菌适应的空气的相对湿度不同，枯萎病需要空气的相对湿度在90％以上。霜霉病、蔓枯病需要空气的相对湿度80％以上。细菌性角斑病需要空气相对湿度在70％以上。

黄瓜的多种病害发生的适宜温度为15～25℃。这些病害发生的适宜温度，均在黄瓜生长发育的适宜温度范围内。因此，只要黄瓜生长发育，病菌也就随之发生、发展。特别是在大棚温室栽培中，温湿度均有利于病害的发生。尤其在冬春季节，为保证温室内的温度条件，往往密闭棚室，或风口较小，加上土壤湿度较大，温室内的空气相对湿度较高。夜间一般在100％，上午也会有80％以上，而成为黄瓜病害发生的主要原因之一。

156. 温室内黄瓜病害为什么易于发生和流行?

(1)低温

寒冬,温室内的温度一般较低,而适宜较低温度的霜霉病等就会发生。

(2)连续阴雨天

在设施栽培的寒冷季节,如遇连续阴雨天,由于日照不足,棚室内温度较低,不敢通风,加上外界湿度也大,即使少量通风,也无法降湿,而使棚内湿度较高。

(3)放风少

寒冷季节,为保温往往忽略棚室的放风,放风时间短而少,棚室内湿度较大。

(4)浇水多

黄瓜连续坐瓜,多次采收,需水量大,特别是在寒冷季节每次浇水都会降低地温,增加空气湿度,加剧病害的发生。

(5)种植密度过大

定植过密、通风、排湿不良、湿度过大将首先发病,并成为发病中心。

(6)土壤通透性较差

走道处土壤湿度大,管理员来回走动,造成土壤紧密,通透性差,根腐病容易发生。

(7)棚膜滴水

棚内的空气湿度较大的另一个原因是棚内外温差较大,棚内水汽在棚膜处遇低温凝集成水滴、水膜而又增加了棚内的湿度。棚膜上的水滴滴落在黄瓜叶片上,易使病菌直接侵染,滴落在土壤上,土壤湿度增加,也造成病菌的发生危害。尽管有足够的病原菌,适宜的发病条件,还必须有抗病性弱，易发病的黄瓜植株方可发病，流行。事实表明，那些抗病耐病品种及长势健壮的植株不易发病或发病危害较轻。

157. 决定黄瓜植株抗病性的因素有哪些？

黄瓜植株的抗病性由以下几个方面决定：

(1)遗传因素

黄瓜的抗病品种资源很多，国内外育种单位，在抗病育种上做了很多工作，所育品种，也基本具有一至多种的抗病性。

(2)秧苗素质

育苗期高温，多湿，日照不足，过密，氮肥过多等，会引起秧苗徒长；低温、干旱易造成僵化苗、小老苗。这样的秧苗，其抗病性差，易受病害侵染。

(3)植株生长状态

黄瓜生育过程中，氮肥施入过多，磷钾肥不足；密度大，通风，透光差，浇水多，均会造成植株徒长；或黄瓜结瓜过多，或整枝管理跟不上，养分消耗较大，缺水、缺肥，使植株衰弱而降低抗病性。

158. 黄瓜虫害发生的原因有哪些？

黄瓜虫害的发生，其主要来源于前茬作物的残体及田间杂草上寄生的害虫，如蚜虫，白粉虱等；土壤中未消灭的金针虫、地老虎等；未经腐熟而施用的有机肥上的种蝇等；带虫幼苗未经防虫措施而带入定植棚内；有外界迁飞到棚室内的白粉虱、蚜虫、斑潜蝇等。设施蔬菜的发展增加了虫害发生的频率与种类。

☞ 159. 黄瓜病害综合防治管理技术要点有哪些?

(1)土壤的选择与消毒

选择 3～5 年未种过瓜类及西红柿类蔬菜的田块种植黄瓜,可有效减少枯萎病、根结线虫及白粉虱等病虫源。

消灭土壤中越冬病菌、虫卵。入冬前灌大水,深翻土壤,进行冻垡,可有效消灭土壤中有害的病原菌和害虫。

冬季大棚栽培,提早扣棚膜,烤地,增加棚内地温,促进缓苗,提高幼苗素质,增加抗性。选用流滴薄膜,可使棚内水汽在棚膜表面凝结成水膜后,沿棚膜流下,而不直接滴落在叶片上,从而降低棚内湿度。在棚室的门口及通风口张挂 40 目防虫网,防止蚜虫、白粉虱、潜斑蝇等进入。

清洁栽培地块前茬作物的残体和田间杂草,进行焚烧或深埋,清理周围环境。棚室栽培要对棚室的骨架、竹竿、吊绳及棚室内土壤进行消毒。在播种或定植之前,每 667 m^2 棚室可用硫黄粉 1.1 kg,锯末 2.2 kg,分多处放在贴片上点燃;或白菌清烟剂 250 g 点燃熏蒸,可消灭残存在其上的虫卵,病菌。秋季栽培前,可进行闷棚,利用日光进行土壤高温消毒,简单易行,成本低。效果好,且不具有任何副作用,具体方法如下:

棚室栽培的在夏季空茬时期,在天气晴好、气温较高、阳光充足时,将保护地的土壤深翻 30～40 cm,破碎土团后,每 667 m^2 均匀撒施 2～3 cm 长的碎稻草和生石灰各 300～500 kg,再耕翻使稻草和石灰均匀分布于土壤耕层,并浇透水,待土壤湿透后,覆盖宽幅 PE 膜,膜厚 0.01 mm,四周和接口处用土封严压实,然后关闭通风口,高温闷棚 10～30 天,可有效减轻菌核病、软腐病、根结线虫、红蜘蛛及各种杂草的危害。

进行土壤高温消毒，应注意以下影响因素：一是天气；二是棚膜和地面覆膜密闭程度；三是处理前整地情况。消毒期间天气晴好，棚室和地面覆膜比较好，可有效提高棚室和土壤耕层温度。积温高，处理效果好，处理时间可相对缩短。土层翻耕浅，土团大小不均，稻草较长，或稻草石灰翻耕混合不均，也会影响处理效果。另外只有稻草和石灰等量或石灰少于稻草的数量，则土壤酸碱度不会明显提高。处理时浇水不足，部分病菌和杂草处于休眠状态，也会降低防治效果。

(2)选择抗病品种，培育健壮无病虫幼苗

选择抗病品种，如抗霜霉病、黑星病、白粉病、枯萎病等的品种。

播种前对种子进行消毒处理。常用的消毒方法有温汤浸种，药剂浸种，药剂拌种，干热处理等。

育苗床选择在未种过黄瓜作物的田块，或专门的育种苗。营养土的来源，也为未种植过瓜类作物和西红柿类作物的地块取土，并经严格消毒后再使用。营养土中加入的有机肥要经充分腐熟。使用育苗钵育苗时，育苗钵要经消毒处理，以百菌清药剂浸泡后使用。码放育苗钵时，应有塑料膜隔离于地面。选用嫁接苗，可防治枯萎病等土传病害的发生。

春季育苗播种前，苗床应浇足水，苗期可不浇水，可防治苗期猝倒病，立枯病，炭疽病的发生。适宜通风降温，加强田间管理，白天增加光照，夜间适当降温，防止幼苗徒长，培育健壮、无病、无虫幼苗。苗床张挂环保捕虫板，诱杀害虫，并在定植前集中喷洒一次杀菌杀虫剂，防止病虫带入定植棚内。

夏季育苗，应在有遮阳、防虫设施的棚室内育苗，可防治外界蚜虫、白粉虱等虫源的侵入，传播病毒病，同时可降温，防止高温造成徒长和结瓜节位提高。

(3)加强田间管理，防止病虫侵染

定植前，密度不可过大，以有利于植株间通风透气。栽培畦采用地膜覆盖，可提高地温，减少地面蒸发，减少灌水次数。棚室内栽培，灌水以滴灌为好，或采用膜下暗灌，以降低空气湿度。禁止大水漫灌。秋季栽培，使用银灰地膜，对蚜虫具有趋避作用。

棚室内浇水，寒冷季节应在晴天上午进行，给水后立即密闭温室，提高温度，等中午或是下午加大通风，排湿，晚上采用百菌清烟雾剂熏棚，预防病害发生。高温季节浇水，在清晨或下午傍晚时浇水。

多施有机肥，减少化肥施用量；施用长效化肥，提高利用率，减少施肥量；增施磷、钾肥，促进瓜条内物质的运输与积累。叶面补肥，快速提高植株抗病性。

设施栽培中，棚室要适时通风，降湿，在注意保温的同时，降低棚室内湿度。冬春季节，靠顶风口通风，风口较小，排湿后，立即关闭风口，可连续进行几次。秋季栽培，前期温度高，通风口昼夜开启，加大通风，晴天强光时，应覆盖遮阳网遮阳降温。

及时进行植株调整，去掉底部老叶和病叶，增加植株间通风透光性，促进植株健壮生长，提高抗性。根据植株长势，控制结瓜数，不多留瓜，防止坠秧。清除田间杂草，整枝后的侧蔓、老叶清除后于棚外掩埋，不为病虫提供寄生条件，防止成为下一轮病害发生的侵染源。

(4)科学施用农药，提高防治效果

设施栽培时，在棚室内张挂防虫板，利用由特殊色谱的板质，涂抹黏附剂，诱杀棚室内的蚜虫、斑潜蝇、白粉虱等害虫。因其不含有毒物质成分，可避免和减少因使用农药给人、其他生物和环境带来的危害。可在黄瓜的全生长期使用，使用简单方便，耐高温。其规格有 40 cm×25 cm，25 cm×13.5 cm，13.5 cm×10 cm 3 种，每 667 m^2 温室、大棚用量 40 cm×25 cm 15～20 片。

对于已经发生的病虫害，及时拔掉病株、病叶、虫卵、幼虫集中的叶片，防止其扩展蔓延，并对发病植株进行重点防治。

利用药剂时，选用低毒高效农药，并在病虫抗性较差时及时防治，以减少用药量。如幼虫初分化期的抗药性较弱，此时施药效果最好，也最省工。采用烟雾剂熏蒸，比药液的防治效果好，可降低农药残留，保护生物天敌。采收前 10 天，禁止使用一切药剂。

160. 黄瓜霜霉病发生的条件是什么？

黄瓜霜霉病发生普遍，病菌在病叶上越冬或越夏。孢子囊在温度 15～20℃，空气相对湿度高于 83%易大量产生，且湿度越高产孢越多，叶面有水滴或水膜，持续 3 h 以上孢子囊萌发和侵入。日均温 15～16℃，潜育期 5 天，随着温度升高潜伏期缩短。田间始发期均温 15～16℃，流行气温 20～24℃，低于 15℃或高于 30℃发病受抑制。该病主要侵害功能叶片，幼嫩叶片和老叶受害轻。对于一株黄瓜，该病侵入是逐渐向上扩展的。此外霜霉病与栽培管理也有关系，连作、地势低洼、排水不良或浇水过多，土壤粘重、管理粗放、偏施氮肥、肥料不足、长势弱等都容易发病。

☞ 161. 黄瓜霜霉病危害有何特点?

霜霉病主要为害黄瓜叶片,全生育期均可发病。子叶被害初呈褪绿色黄斑,扩大后变黄褐色。真叶染病,叶缘或叶背面出现水浸状病斑,早晨尤为明显,病斑逐渐扩大,受叶脉限制呈多角形淡褐色或黄褐色斑块,湿度大时叶背面或叶面长出灰黑色霉层,即病菌孢囊梗及孢子囊。后期病斑破裂或连片,致叶缘卷缩干枯,严重的田块一片枯黄。该病症状的表现与品种抗病性有关,感病品种如密刺类是典型症状,病斑大,易连接成大块黄斑后迅速干枯。抗病品种如津研、津杂类叶色深绿型系列,病斑小,褪绿斑持续时间长,在叶面形成圆形或多角形黄褐色斑,扩展速度慢,病斑背面霉稀疏或很少,一般较前者迟落架 7～12 天。

☞ 162. 怎样进行黄瓜霜霉病的综合防治?

(1)农业防治,因地制宜选用抗病品种

培育壮苗,栽培无病苗,改进栽培技术。定植田要选择地势高、平坦、易排水地块,采用地膜覆盖,降低棚内湿度。生产前期,尤其是定植后结瓜前应控制浇水,并改在上午进行,以降低棚内湿度。适时中耕,提高地温。采用配方施肥技术。植株汁液氮糖含量下降时,叶面喷施 1%尿素或 0.3%磷酸二氢钾,或施用喷施宝。采用滴灌或地膜覆盖浇暗水技术,以减少棚内结露持续时间。

(2)生态防治

所谓生态防治是利用黄瓜与霜霉菌生长发育对环境条件要求不同,采用利于黄瓜生长发育,抑制病原菌的方法达到防病目的。如上午棚温控制在 25～30℃,最高不超过

33℃，湿度降到75%，下午温度降至20～25℃，湿度降至70%左右，夜间控温在15～20℃，下半夜最好控温12～13℃，以有利于光合产物的制造、运输和积累。实行三段或四段变温管理，既可满足黄瓜生长发育需要，又可有效地控制霜霉病。上午，日出后使棚温迅速进入25～30℃，湿度降到75%左右，有条件的早晨可排湿0.5 h，实现温湿度双限制，抑制发病，同时满足黄瓜光合成条件，增强抗病性。下午，温度降至20～25℃，湿度降至70%左右，即实现湿度单限制控制病害。温度利于光合物质的输送和转化。夜间，温湿度交替限制控制病害。前半夜相对湿度小于80%，温度控制在15～20℃，利用低温限制病害。有条件的下半夜湿度大于90%，除采取控温10～13℃低温限制发病，抑制黄瓜呼吸消耗外，尽量缩短叶缘吐水及叶面结露持续的时间和数量，以减少发病。遇有阴雨天气，夜间也应通风除湿，但不宜浇水。早晨浇水后要注意把棚温提高到30℃，维持约1.5 h，再放风降温排湿，然后再提温，避免湿度升高，利于控制病害。

(3)药剂防治

①保护地棚室可选用烟雾法或粉尘法。烟雾法，在发病初期每667 m^2 施用45%百菌清烟剂200 g，分放在棚内4～5处。用香或卷烟等暗火点燃，发烟时闭棚，熏1夜，次晨通风，隔7天熏1次，可单独使用，也可与粉尘法、喷雾法交替轮换使用。粉尘法于发病初期傍晚用喷粉器喷洒5%百菌清粉尘剂，或5%加瑞农粉尘剂，每667 m^2 施用1 kg，隔9～11天1次。

②喷雾法，发现中心病株后首选70%乙膦·锰锌可湿性粉剂500倍液或72.2%普力克水剂800倍液、58%雷多米尔—锰锌可湿性粉剂、72%杜邦克露或克霜氰或霜脲锰

锌可湿性粉剂600～700倍液、72%霜霸可湿性粉剂700倍液、72%霜疫清或56%霜霉清可湿性粉剂750倍液、75%百菌清可湿性粉剂600倍液、64%杀毒矾可湿性粉剂400倍液，每667 m^2 喷药液60～70 L，隔7～10天1次，然后视病情发展，再确定是否用药。

霜霉病、白粉病混发时，可选用40%三乙膦酸铝可湿性粉剂200倍液加15%三唑酮(粉锈宁)可湿性粉剂2 000倍液。霜霉病与炭疽病混发时，可选用40%三乙膦酸铝可湿性粉剂200倍液加25%多菌灵可湿性粉剂400倍液，或25%多菌灵可湿性粉剂400倍液加75%百菌清可湿性粉剂600倍液，兼防两病。对上述杀菌剂产生抗药性的地区可选用69%安克锰锌可湿性粉剂1 000倍液。

☞ 163. 黄瓜灰霉病发生的条件是什么？

黄瓜灰霉病病菌以菌丝或分生孢子及菌核附着在病残体上，或遗留在土壤中越冬。灰霉菌分生孢子随气流、雨水及农事操作进行传播蔓延，结瓜期是该病侵染和烂瓜的高峰期。温度18～23℃和相对湿度90%是本菌发育的适宜条件，高于30～32℃，低于4℃较少发病。春季连阴天多，气温不高，棚内湿度大，结露持续时间长，放风不及时，发病重。棚温高于31℃，孢子萌发速度趋缓，产孢量下降，病情不扩展。

☞ 164. 黄瓜灰霉病危害有何特点？

主要为害幼瓜、叶、茎。病菌多从开败的雌花侵入，致花瓣腐烂，并长出淡灰褐色的霉层，进而向幼瓜扩展，致脐部呈水渍状，幼花迅速变软、萎缩、腐烂，表面密生霉层。较大的瓜被害时，组织先变黄并生灰霉，后霉层变为淡灰色，被害瓜受害部位停止生长、腐烂或脱落。叶片一般由脱落的烂花或病卷须附着在叶面引起发病，形成直径 20～50 mm 大型病斑，近圆形或不规则形，边缘明显，表面着生少量灰霉。烂瓜或烂花附着在茎上时，能引起茎部的腐烂，严重时下部的节腐烂致蔓折断，植株枯死。

165. 怎样进行黄瓜灰霉病的综合防治？

(1)农业及生态防治

利用高畦、覆地膜或滴灌栽培法，生长前期及发病后，适当控制浇水，适时晚放风，提高棚温至 33℃则不产孢子，降低湿度，减少棚顶及叶面结露和叶缘吐水。苗期、果实膨大前一周及时摘除病叶、病花、病果及黄叶，保持棚室干净，通风透光。

(2)药剂防治

棚室发病初期采用烟雾法或粉尘法，烟雾法用 10％速克灵烟剂，每 667 m^2 每次施用 200～250 g 或 45％百菌清烟剂，每 667 m^2 每次施用 250 g，熏 3～4 h。粉尘法于傍晚喷洒 10％灭克粉尘剂，或 5％百菌清粉尘剂，或 10％杀霉灵粉尘剂，每 667 m^2 每次施用 1 kg，隔 9～11 天 1 次，连续或与其他防治法交替使用2～3 次。棚室或露地发病初期喷洒 50％速克灵可湿性粉剂 2 000 倍液，或 50％扑海因(异菌脲)可湿性粉剂 1 000～1 500 倍液、65％抗霉威可湿性粉剂 1 000～1 500 倍液、50％甲基硫菌灵(甲基托布津)可湿性粉剂 500 倍液。上述杀菌剂预防效果好于治疗效果，发病后用药，应适当加大用药量，提倡药剂交替或复配使用。

166. 黄瓜白粉病发生的条件是什么?

黄瓜白粉病北方病菌以闭囊壳随病残体留在地上或在花房里的月季花上,或温室、塑料棚瓜类作物上越冬。南方病菌以菌丝或分生孢子在寄主上越冬或越夏,成为翌年初侵染源。分生孢子借气流或雨水传播落在寄主叶片上,分生孢子尖端产生牙管和吸器从叶片表皮侵入,菌丝体附生在叶表面,从萌发到侵入需 24 h,每天可长出 3～5 根菌丝,5 天后在浸染处形成白色菌丝丛状病斑,经 7 天成熟,形成分生孢子飞散传播,进行再侵染。产生分生孢子适温为 15～30℃,相对湿度 80%以上,气温升高,温度适宜,上午 6 时至下午 3 时有微风适于孢子飞出,尤以中午至下午 3 时更适。分生孢子发芽和侵入适宜相对湿度 90%～95%,无水或低湿虽可发芽侵入,但该菌遇水或湿度饱和,易吸水破裂而死亡。在塑料棚、温室或田间,白粉病能否流行取决于湿度和寄主的长势,一般湿度大利其流行。雨后干燥或少雨,但田间湿度大,白粉病流行的速度加快,尤其当高温干旱与高温高湿交替出现,又有大量白粉病源时很易流行。

167. 黄瓜白粉病的危害特点及综合防治方法有哪些?

[危害特点] 全生育期均可染病,叶片发病重,叶柄、茎次之,果实较少受害。发病初期叶面或叶背及茎上产生白色近圆形星状小粉斑。以叶面居多,后向四周扩展成边缘不明显的连片白粉,严重时整叶布满白粉,即病原菌无性阶段。发病后期,白色霉斑因菌丝老熟变为灰色,病叶黄枯。有时病斑上长出成堆的黄褐色小粒点,后变黑,即病菌的闭囊壳。

[防治方法]

①选用耐病品种,如津杂系列、津研系列等。

②生物防治:喷洒2%农抗120或2%武夷菌素(BO-10)水剂200倍液,隔6或7天再防1次,防效90%以上。

③物理防治。采用27%高脂膜乳剂80～100倍液,于发病初期喷洒在叶片上,形成一层薄膜,不仅可防止病菌侵入,还可造成缺氧条件使白粉菌死亡。一般隔5或6天喷1次,连续喷3或4次。

④药剂防治:发病初期喷洒15%的三唑酮(粉锈宁)可湿性粉剂1 500倍液,或40%福星乳油8 000倍液,30%特富灵可湿性粉剂1 500～2 000倍液、40%多硫悬浮剂500～600倍液、50%硫黄悬浮剂250～300倍液等。一般早预防,午前防,喷周到,大水量防治效果较好。

⑤保护地采用硫黄熏烟消毒,定植前几天,将棚室密闭,每100 m^3,用硫黄粉250 g,锯末500 g掺匀后,分别装入小塑料袋分放在室内,于晚上点燃熏一夜。此外,也可用45%百菌清烟剂,方法和用量见黄瓜霜霉病。

168. 黄瓜枯萎病发生的条件是什么?有何特点?怎样防治?

[发病条件] 该菌通过导管从病茎向果梗蔓延到达果实,由果梗进入果实后随果实腐烂扩展到种子上,致种子带菌。播种带菌的种子,苗期即染病。此外,病菌还可以菌丝体、厚垣抱子或菌核在土壤和未腐熟的带菌有机肥中越冬,成为翌年初侵染源。病菌从根部伤口或根毛顶端细胞间侵入,后进入维管束在导管内发育堵塞导管,引起寄主中毒,使瓜叶迅速萎蔫。地上部的重复侵染主要通过整枝或绑蔓

引起的伤口。该病发生程度取决于当年的侵染量。在空气相对湿度 90％以上，温度 24～25℃时易感病。发病的最高温度为 34℃，最低 4℃。土温 15℃潜育期 15 天，随着温度的上升，潜伏期缩短，适宜 pH 值 4.5～6.0。秧苗老化，连作、有机肥未腐熟、土壤过分干旱或质地黏重的酸性土是引起该病发生的主要条件。

［危害特点］　多于开花结果后陆续发病，被害株最初表现为部分叶片或植株的一侧叶片中午萎蔫，下垂，似缺水状，但萎蔫叶早晚恢复。后萎蔫叶片不断增多，逐渐遍及全株，致整株枯死。主蔓基部纵裂，纵切病茎可见维管束变褐。湿度大时，病部表面显白色或粉红色霉状物，即病原菌子实体。有时病部溢出少许琥珀色胶质物。幼苗染病，子叶先变黄、萎蔫或全株枯萎，茎基部或茎部变褐缢缩或呈立枯状。

［防治方法］

(1)农业防治，实行轮作

选用抗病品种，选用无病新土育苗，采用营养钵或塑料套分苗，改传统的土方育苗为营养钵或自制的塑料套分苗，便于培育壮苗，定植时不伤根，定植后缓苗快，增强寄主抗病性。嫁接防病，利用南瓜对尖镰孢菌黄瓜专化型免疫的特点，选择云南黑籽南瓜或南砧 1 号作砧木，进行嫁接。把干燥黄瓜种子置于 70℃恒温处理 72 h。加强栽培管理，如施用充分腐熟肥料，减少伤口，提高栽培管理水平，浇水做到小水勤浇，避免大水漫灌，适当多中耕，提高土壤透气性，使根系茁壮，增强抗病力。结瓜期应分期施肥，切忌用未腐熟的人粪尿追肥。

(2)药剂防治

①种子消毒，用有效成分 0.1％的 60％防霉宝超微粉

加0.1%平加浸种61 h，捞出后冲净催芽。

②苗床消毒，苗床用50%多菌灵可湿性粉剂8 g/m^2处理畦面。

③土壤消毒，用50%多菌灵可湿性粉剂每667 m^2施用4 kg，混入细干土，拌匀后施于定植穴内。

④药剂灌根，掌握在发病前或发病初期，用3.2%恶甲水剂300倍液、50%多菌灵可湿性粉剂500倍液，50%苯菌灵可湿性粉剂1 500倍液、50%甲基托布津可湿性粉剂400倍液，或60%琥·乙膦铝(DTM)可湿性粉剂350倍液灌根，灌药液0.3～0.5 L/株，或12.5%增效多菌灵可溶剂200～300倍液每株100 mL，隔10天后再灌1次，连续防治2或3次，但一定要早防、早治，否则效果不明显。

169. 黄瓜角斑病发生的条件是什么？有何特点？

［发病条件］ 病原菌在种子内、外或随病残体在土壤中越冬，成为翌年初侵染源。该病种子带菌率2%～3%，病菌由叶片或瓜条伤口，自然孔口侵入，进入胚乳组织或胚幼根的外皮层，造成种子内带菌。此外，采种时病瓜接触污染的种子致种子外带菌，且可在种子内存活1年，土壤中病残体上的病菌可存活3～4个月，生产上如播种带菌种子，出苗后子叶发病，病菌在细胞间繁殖，保护地黄瓜病部溢出的菌脓，借棚顶大量水珠下落或结露及叶缘吐水滴落、飞溅传播蔓延，进行多次重复侵染。露地黄瓜蹲苗结束后，随雨季到来和开始田间浇水，始见发病，病菌靠气流或雨水逐渐扩展开来，一直延续到结瓜盛期，后随气温下降，病情缓和。该菌生长适温为24～28℃，最高39℃，最低4℃，在48～50℃高温下10 min致死。发病温度10～30℃，适温24～28℃，适宜相对湿度70%以上。塑料大棚低温高湿的环境

特点利于其发病，病斑大小与湿度相关。夜间饱和湿度大于6 h，叶片上病斑大且典型。湿度低于85%，或饱和湿度持续时间不足3 h，病斑小。昼夜温差大，结露重且持续时间长，发病重。在田间浇水次日，叶背出现大量水浸状病斑或菌脓。有时，只要有少量菌源即可引起该病发生和流行。

［危害症状］ 全生育期均可受害，主要为害叶片、叶柄、卷须和果实，有时也侵染茎。子叶染病，初呈水浸状近圆形凹陷斑，后微带黄褐色。真叶染病，初为鲜绿色水浸状斑，渐变淡褐色、病斑受叶脉限制呈多角形，灰褐或黄褐色，湿度大时叶背溢有乳白色浑浊水珠状菌脓，干后具白痕，病部质脆易穿孔，有别于霜霉病。茎、叶柄、卷须染病，浸染点出现水浸状小点，沿茎沟纵向扩展，呈短条状，湿度大时也见菌脓，严重的纵向开裂呈水浸状腐烂，变褐干枯，表层残留白痕。瓜条染病，出现水浸状小斑点，扩展后不规则或连片，病部溢出大量污白色菌脓，受害瓜条常伴有软腐病菌侵染，呈黄褐色水渍腐烂。病菌侵入种子，致种子带菌。

170. 怎样进行黄瓜角斑病的综合防治？

(1)农业防治，选用耐病品种，如津研2号、津研6号，中农5号等。从无病瓜上选留种，瓜种可用70℃恒温干热灭菌72 h，或50℃温水浸种20 min，捞出晾干后催芽播种。用次氯酸钙300倍液，浸种30～60 min或40%福尔马林150倍液浸1.5 h或100万U硫酸链霉素500倍液浸种2 h，冲洗干净后催芽播种。无病土育苗，与非瓜类作物实行2年以上轮作，加强田间管理，生长期及收获后清除病叶，及时深埋。

(2)保护地黄瓜重点抓好生态防治，方法见霜霉病。

(3)药剂防治,用药时可选粉尘法,喷洒5%百菌清或10%脂铜粉尘剂,每667 m^2 每次施用1 kg。露地推广避雨栽培,开展预防性药剂防治,于发病初期或蔓延开始期喷洒14%络氨铜水剂300倍液或50%甲霜铜可湿性粉剂600倍液,50%琥胶肥酸铜(DT)可湿性粉剂500倍液,60%琥·乙膦铝(DTM)可湿性粉剂500倍液,77%可杀得可湿性微粒粉剂400倍液,用对好的药液60～75 L,连防3或4次。琥胶肥酸铜对白粉病、霜霉病有一定兼防作用。此外也可选用硫酸链霉素或72%农用链霉素可溶性粉剂4 000倍液,或1∶4∶600铜皂液或1∶2∶(300～400)波尔多液。40万U青霉素钾盐对水稀释成5 000倍液也有效。

☞ 171. 黄瓜菌核病发生的条件是什么?有何特点?

[发病条件] 菌核遗留在土中,或混杂在种子中越冬或越夏。0～35℃菌丝能生长,菌丝生长及菌核形成最适温度20℃,最高35℃,50℃经5 min致死。干燥条件下存活4～11年,水田经1个月腐烂。混在种子中的菌核,随播种带病种子进入田间,或遗留在土中的菌核遇有适宜温湿度条件即萌发出子囊盘,放射出子囊孢子,随气流传播蔓延,侵染衰老花瓣或叶片,长出白色菌丝,开始为害柱头或幼瓜。在田间带菌雄花落在健叶或茎上经菌丝接触,易引起发病,并以这种方式进行重复侵染,直到条件恶化,又形成菌核落入土中或随种株越冬或越夏。南方2～4月份及11～12月份适其发病,北方3～5月份发生多。本菌相对湿度高于85%,温度在15～20℃利于菌核萌发和菌丝生长、侵入及子囊盘产生。因此,低温、湿度大或多雨的早春或晚

秋有利于该病发生和流行，菌核形成时间短，数量多。连年种植葫芦科、茄科及十字花科蔬菜的田块、排水不良的低洼地或施氮肥或霜害、冻害条件下发病重。

［危害症状］ 从苗期至成株期均可被侵染，尤其是设施栽培发病更重。主要为害果实和茎蔓。果实染病多在残花部，先呈水浸状腐烂，并长出白色菌丝，后菌丝纠结成黑色苗核。茎蔓染病初在近地面的茎部或主侧枝分杈处产生褪色水浸状斑，后逐渐扩大呈淡褐色。高湿条件下，病茎软腐，长出白色棉毛状苗丝。病茎髓部遭破坏腐烂中空，或纵裂干枯。叶柄、叶、幼果染病初呈水浸状并迅速软腐，后长出大量白色带丝。苗丝密集形成黑色鼠粪状菌核。一般长在腐败了的茎基部，或烂叶、叶柄、瓜条等组织上，茎表皮纵裂，但木质部不腐败，故植株不表现萎蔫，病部以上叶、蔓凋萎枯死。

172. 怎样进行黄瓜菌核病的综合防治?

(1)农业防治

有条件的实行与水生作物轮作，或夏季把病田用水浸泡半个月，或收获后及时深翻，深度要求达到 20 cm，将菌核埋入深层，抑制子囊盘出土。采用配方施肥，增强寄主抗病力。

(2)物理防治

播前用 10%盐水漂种 2 或 3 次，清除菌核，设施栽培采用抗紫外线塑料膜，可抑制子囊盘及子囊孢子形成。也可采用高畦覆盖地膜抑制子囊盘出土释放子囊孢子，减少病原。

(3)种子和土壤消毒

定植前用 40%五氯硝基苯配成药土耙入土中，每 667 m^2

用药 1 kg 对细土 20 kg 拌匀。种子用 50℃温水浸种 10 min，即可杀死菌核。

(4)生态防治

棚室上午以闷棚提温为主，下午及时放风排湿。发病后可适当提高夜温以减少结露，早春日均温控制在 29℃或 31℃高温，相对湿度低于 65%可减少发病，防止浇水过量，土壤湿度大时，适当延长浇水间隔期。

(5)棚室或露地出现子囊盘时，采用烟雾或喷雾法防治

用 10%速克灵烟剂或 45%百菌清烟剂，每 667 m^2 每次施用 250 g，熏 1 夜，隔 8～10 天 1 次，连续或与其他方法交替防治 3 或 4 次。喷洒 5%百菌清粉尘剂，每 667 m^2 每次施用 1 kg，或喷洒 50%速克灵可湿性粉剂 1 500 倍液，50%扑海因或 50%农利灵可湿性粉剂 1 000 倍液，60%防霉宝超微粉 600 倍液，20%甲基立枯磷乳油剂 1 000 倍液，或 50%扑海因可湿性粉剂 1 500 倍液加 70%甲基托布津可湿性粉剂 1 000 倍液于盛花期喷雾，每 667 m^2 喷对好的药液 60 L，隔 8 或 9 天 1 次，连续防治 3 或 4 次，病情严重时，除正常喷雾外，还可把上述杀菌剂对成 50 倍液，涂抹在瓜蔓病部，不仅控制扩展，还有治疗作用。

☞ 173. 黄瓜病毒病发生的条件是什么？有何特点？怎样防治？

［发病条件］ 黄瓜种子不带毒，主要在多年生宿根植物上越冬，由于鸭跖草、反枝苋、刺儿菜、酸浆等都是桃蚜、棉蚜等传播蚜虫的越冬寄主，每当春季发芽后，蚜虫开始活动或迁飞，成为传播此病主要媒介。发病适温 20℃，气温高于 25℃表现隐症。烟草花叶病毒极易通过接触传染。

蚜虫不传毒。

［危害症状］ 多全株发病。苗期染病子叶变黄枯萎，幼叶现浓绿与淡绿相间花叶状。成株染病新叶呈黄绿相嵌状花叶，病叶小略皱缩，严重的叶反卷，病株下部叶片逐渐黄枯。瓜条染病，表现深绿与浅绿相间疣状斑块，果面凹凸不平或畸形，发病重的节间短缩，簇生小叶，不结瓜，致萎缩枯死。

［防治方法］

①农业防治，选用耐病品种，如中农5号、长春密刺、津研7号等。培育壮苗，适期定植，一般当地晚霜过后，即应定植，保护地可适当提早。采用配方施肥，加强管理。

②及时防治蚜虫，切断传播途径。

③发病初期开始喷洒0.5％抗毒丰菇类蛋白多糖水剂(原名抗毒剂1号)300倍液或20％病毒A可湿性粉剂500倍液，或1.5％植病灵Ⅱ号乳剂1 000倍液、83增抗剂100倍液。

174. 黄瓜炭疽病发生的条件是什么？有何特点？怎样防治？

［发病条件］ 以菌丝体或拟菌核在种子上或随病残体在田间越冬，也可在温室或塑料温室旧木料上存活。越冬后的病菌产生大量分生孢子，成为初侵染源。此外潜伏在种子上的菌丝体也可直接侵入子叶，引致苗期发病。病菌分生孢子通过雨水传播。孢子萌发适温22～27℃，病菌生长适温24℃，8℃以下、30℃以上即停止生长。植株在10～30℃均可发病，其中温度24℃，相对湿度87％～98％发病重。湿度是诱发本病重要因素，在适宜温度范围内，空气湿

度大，越易发病，相对湿度低于54%则不能发病。早春塑料棚温度低，湿度高，叶面结有大量水珠，黄瓜吐水或叶面结露易流行。露地条件下，南方5～6月份，北方7～9月份，低温多雨条件下易发生。气温超过30℃，相对湿度低于60%，病势发展缓慢。

［危害症状］ 黄瓜全生育期均可发病。幼苗发病多在子叶边缘出现半椭圆形淡褐色病斑，上生橙黄色点状胶质物，即病原菌的分生孢子盘和分生孢子，重者幼苗近地面茎基部变黄褐色，逐渐细缩，致幼苗折倒。叶片上病斑近圆形，直径4～18 mm，棚室湿度大，病斑呈淡灰至红褐色，略呈湿润状，严重的叶片干枯。在高温或低温条件下，症状常具不同表现型，易与叶斑病混淆。主蔓及叶柄上病斑椭圆形或长圆形，黄褐色，稍凹陷，严重时病斑连接，包围主蔓，致植株部分或全部枯死。瓜条染病，病斑近圆形，初呈淡绿色，后为黄褐色，或暗褐色，病部稍凹陷。表面有粉红色黏稠物，后期常开裂。叶柄或瓜条上有时出现琥珀色流胶。

［防治方法］

①农业防治，选用抗病品种，如津研4号、中农5号等。采用无病种子，并用50～51℃温水浸种20 min，或冰醋酸100倍液浸30 min，清水冲洗干净后催芽，实行3年以上轮作。对苗床应选用无病土或进行苗床土壤消毒，减少初侵染源。采用地膜覆盖可减少病菌传播机会，减轻为害。增施磷钾肥以提高植株抗病力，加强棚室温湿度管理，使棚内湿度保持在70%以下，减少叶面结露和吐水。田间操作，除病灭虫，绑蔓、采收均应在露水落干后进行，减少人为传播蔓延。

②药剂防治，塑料棚或温室采用烟雾法。选用45%百菌清烟剂，每667 m^2 每次施用250 g，隔9～11天熏1次，

连续或交替使用，也可于傍晚喷洒克霉灵粉尘剂，或5%百菌清粉尘剂，每667 m^2 每次施用1 kg。发病初期喷洒50%甲基托布津可湿性粉剂700倍液加75%百菌清可湿性粉剂700倍液，或36%甲基硫菌灵悬浮剂400～500倍液，或50%苯菌灵可湿性粉剂1 500倍液，80%多菌灵可湿性粉剂600倍液，50%混杀硫悬浮剂500倍液，80%炭疽福美可湿性粉剂800倍液，2%抗霉菌素（农抗120水剂）或2%武夷菌素（BO-10）水剂200倍液，隔7～10天1次，连续防治2或3次。

175. 黄瓜黑星病发生的条件是什么？有何特点？

［发病条件］ 以菌丝体在病残体内于田间或土壤中越冬，成为翌年初侵染源。黄瓜种子带菌，其带菌率随品种、地点而异，最高可达37%，种子各部位带菌率以种皮为多。病菌主要从叶片、果实、茎蔓的表皮直接穿透，或从气孔和伤口侵入，潜育期随温度而异，一般设施内为3～6天，露地9或10天。该菌在相对湿度93%以上，均温15～30℃之间较易产生分生孢子，相对湿度100%产孢更多。分生孢子在5～30℃均可萌发，适宜萌发的条件是温度15～25℃，并要求有水滴和营养。当棚内最低温度超过10℃，相对湿度从下午6时到次日10时均高于90%，棚顶及植株叶面结露，是该病发生和流行的重要条件。露地该病发生与降雨量和降雨次数多少有关。如遇降雨量大、次数多，田间湿度大及连续冷凉条件发病重。

［危害症状］ 幼苗染病，真叶较子叶敏感，子叶上产生黄白色近圆形斑，发展后引致全叶干枯。嫩茎染病，出现水

渍状暗绿色梭形斑，后变暗色，凹陷龟裂，湿度大时长出灰黑色霉层，即病菌分生孢子梗和分生孢子，卷须染病则变褐腐烂。生长点染病，经两三天烂掉形成秃桩。叶片染病，初为污绿色近圆形斑点，穿孔后，孔的边缘不整齐略皱，且具黄晕，叶柄、瓜蔓被害，病部中间凹陷，形成疮痂状，表面生灰黑色霉层。瓜条染病，初流胶，渐扩大为暗绿色凹陷斑，表面长出灰黑色霉层，致病部呈疮痂状，病部停止生长，形成畸形瓜。

176. 怎样进行黄瓜黑星病的综合防治？

(1)农业防治

选用抗病品种，如津春 1 号，中农 13 号等。选留无病种子，覆盖地膜，降低湿度。采用滴灌等节水技术。轮作倒茬，应与非瓜类作物进行轮作。加强栽培管理，尤其定植后至结瓜期控制浇水十分重要。保护地栽培尽可能采用生态防治，尤其要注意温湿度管理，采用放风排湿，控制灌水等措施降低棚内湿度，减少叶面结露，抑制病菌萌发和侵入，白天控温 28～30℃，夜间 15℃，相对湿度低于 90%。中温低湿棚平均温度 21～25℃，或控制大棚湿度高于 90%不超过 8 h，可减轻发病。

(2)温汤或药剂浸种

55～60℃恒温浸种 15 min，或 50%多菌灵可湿性粉剂 500 倍液浸种 20 min 后冲净再催芽，或用 0.3%的 50%多菌灵可湿性粉剂拌种，均可取得良好的杀菌效果。

(3)熏蒸消毒

温室、塑料棚定植前 10 天，每 55 m^3 空间用硫黄粉 0.13 kg，锯末 0.25 kg 混合后分放数处，点燃后密闭大棚，熏 1 夜。用粉尘法或烟雾法于发病初期开始用喷粉器喷洒 10%多百粉尘剂，或 5%防黑星粉尘剂每 667 m^2 每次施用 1 kg，或施用 45%百菌清烟剂每 667 m^2 每次施用 200 g，连续防治 3 或 4 次。

(4)药剂防治

棚室或露地发病初期喷洒 40%福星乳油 8 000 倍液或 50%多菌灵可湿性粉剂 800 倍液加 70%代森锰锌可湿性粉剂 800 倍液，或 2%武夷菌素(BO-10)水剂 150 倍液，80%多菌灵可湿性粉剂 600 倍液，或 75%百菌清可湿性粉剂 600 倍液，50%苯菌灵可湿性粉剂 1 500 倍液，80%敌菌丹可湿性粉剂 500 倍液，每 667 m^2 喷药液 60～65 L，隔 7～10 天 1 次，连续防治 3 或 4 次。

☞ 177. 黄瓜疫病发生的条件是什么？有何特点？

［发病条件］ 该病为土传病害，以菌丝体、卵孢子及厚垣孢子随病残体在土壤或粪肥中越冬，翌年条件适宜长出孢子囊，借风、雨、灌溉水传播蔓延，寄主被侵染后，病菌在有水条件下经 4～5 h 产生大量孢子囊和游动孢子。卵孢子可在土壤中存活 5 年，连作地、田园不洁及施用带病残物或未腐熟的厩肥易发病。病菌生长发育适温 28～32℃，最高 37℃，最低 9℃。在 25～30℃下，经 24 h 潜育即发病，病斑上新产生的孢子囊及其萌发后形成的游动孢子借气流传播，进行再侵染使病害迅速扩散。土壤水分是此病流行的决定因素。因此，凡雨季来临早，雨量大，雨日多的年份或浇水过多发病早，传播蔓延快，为害也重。地势低洼、排水不良、浇水过勤的黏土地及下水头发病重。

［危害症状］ 黄瓜全生育期均可发病。保护地栽培主

要为害茎基部、叶及果实。幼苗染病多始于嫩尖，初呈暗绿色水渍状萎蔫，逐渐干枯呈秃尖状，不倒伏。成株发病，主要在茎基部或嫩茎节部，出现暗绿色水渍状斑，后变软，显著缢缩，病部以上叶片萎蔫或全株枯死。同株上往往有几处节部受害，维管束不变色。叶片染病产生圆形或不规则形水浸状大病斑，直径可达 25 mm，边缘不明显，扩展迅速，干燥时呈青白色，易破裂，病斑扩展到叶柄时，叶片下垂。瓜条或其他任何部位染病，开始初为水浸状暗绿色，逐渐缢缩凹陷，潮湿时表面长出稀疏白霉，迅速腐烂，发出腥臭气味。

178. 怎样进行黄瓜疫病的综合防治?

(1)农业防治

选用耐疫病品种，如保护地用中农 5 号、长春密刺等。嫁接防病，用云南黑籽南瓜或南砧 1 号作砧本与黄瓜嫁接，可防疫病及枯萎病，苗床或大棚土壤处理。25%甲霜灵可湿性粉剂 8 g/m^2 苗床，用与适量土拌匀撒在苗床上。采用配方施肥技术，与非瓜类作物实行 5 年以上轮作。覆盖地膜阻挡土壤中病菌溅附到植株上，减少侵染机会。加强田间管理，采用高畦栽植，避免积水，苗期控制浇水，结瓜后做到间湿间干，发现疫病后，浇水减到最低量，控制病情扩展，但进入结瓜盛期要及时供给所需水量，严禁雨前浇水。做到及时检查，发现中心病株，拔除深埋。

(2)大棚消毒和药剂浸种

大棚于定植前用 25%甲霜灵可湿性粉剂 750 倍液喷淋地面。药剂浸种，72.2%普力克水剂或 25%甲霜灵可湿性粉剂 800 倍液浸种 30 min 后催芽。

(3)药剂防治

在测报基础上于发病前开始喷药，尤其雨季到来之前先喷1次预防,雨后发现中心病株及时拔除后,立即喷洒或浇灌70%乙磷·锰锌可湿性粉剂500倍液,或72.2%普力克水剂600～700倍液,72%杜邦克露或克霜氰或霜脲锰锌可湿性粉剂700倍液,72%霜霸可湿性粉剂700倍液。56%霜霉清可湿性粉剂700倍液,69%安克锰锌可湿性粉剂1 000倍液,50%甲霜铜可湿性粉剂600倍液,或25%甲霜灵可湿性粉剂800倍液加40%福美双可湿性粉剂800倍液灌根,隔7～10天1次,病情严重时可缩短至5次,连续防治3或4次。

☞ 179. 黄瓜褐斑病发生的条件是什么?有何特点?怎样防治?

[发病条件] 以分生孢子丛或菌丝体在土中的病残体上越冬,菌丝或孢子在病残体上可存活6个月。此外,病菌还可产生厚垣孢子及菌核,渡过不良环境。翌年产出分生孢子借气流或雨水飞出传播,进行初浸染。病部新生的孢子,进行再浸染。在生长季节,再浸染多次发生,使病害逐渐蔓延。病菌侵入后潜育期一般6或7天。高温或通风透气不良易发病。25～27℃及饱和湿度条件下发病重。温差大有利于发病。东北4～5月份发病于温室,江苏、北京、山西多发生于黄瓜生长中后期。该病引致落叶率低于5%时,病情扩展慢,约2周,而以后1周内发展快,落叶率可由5%发展到90%。

[危害症状] 为害叶片,病斑呈浅褐色后变褐绿色,略呈圆形,直径6～12 mm,多数病斑的扩展受叶脉限制,呈不规则形或多角形,有的病斑中部呈灰白色至灰褐色,病斑上的黑色霉状物即病菌的分生孢子梗和分生孢子。严重

时，病斑融合，叶片枯死。

［防治方法］

①农业防治，彻底清除病残株，减少初侵染源，与非瓜类作物实行2～3年以上轮作，引进或利用抗病品种，搞好田内温湿度管理，注意放风排湿，改善通风透气性能。

②药剂防治，发病初期喷洒50％多菌灵可湿性粉剂500倍液，或75％百菌清可湿性粉剂700倍液，或50％苯菌灵可湿性粉剂1 500～1 600倍液。保护地棚室可选用45％百菌清烟剂熏烟，用量每667 m^2 施用250 g，或喷洒5％百菌清粉尘剂，每667 m^2 施1 kg，隔7～9天1次，连续2或3次。

180. 黄瓜蔓枯病发生的条件是什么？有何特点？怎样防治？

［发病条件］ 主要以分生孢子器或子囊壳的病残体在土中，或附在种子、架杆、温室、大棚架上越冬。翌年春天产生子囊孢子和分生孢子通过风雨及灌溉水传播，从气孔、水孔或伤口侵入。种子带菌引致子叶染病。成株由果实蒂部或果柄侵入。该菌能侵染多种葫芦科植物。北方夏、秋季，南方春、夏季易流行。病菌发育适温20～24℃，平均气温18～25℃，相对湿度高于85％，在黄瓜栽培75～83天后易发病。尤其是阴雨天及夜晚，子囊孢子数量高，夜间露水大或台风后水淹易发病，土壤水分高易发病。此外，连作地、平畦栽培，或排水不良，密度过大，肥料不足、寄主生长衰弱发病重。

［危害症状］ 叶片上病斑近圆形，有的自叶缘向内呈“V”字形，淡褐色至黄褐色，后期病斑易破碎，病斑轮纹不明显，上生许多黑色小点，即病原菌的分生孢子器，叶片上病斑直径10～35 mm，少数更大。蔓上病斑椭圆形至梭

形，白色，有时溢出琥珀色的树脂胶状物，后期病茎干缩，纵裂呈乱麻状，严重时引致“蔓烂”。

［防治方法］

（1）农业防治，实行2～3年轮作。从无病株上选留种子，及时清除病株，深埋或烧毁。采用配方施肥，施充分腐熟有机肥。选用抗病品种，种子进行消毒。

（2）药剂防治，发病初期喷洒40%杜邦“福星”乳油8 000倍液或75%百菌清可湿性粉剂600倍液，50%混杀硫悬浮剂500～600倍液，或40%福星乳油8 000倍液，掌握在发病初期全田用药，隔3或4天后再防1次，以后视病情变化决定是否用药。

☞ 181. 黄瓜根腐病发生的条件是什么？有何特点？怎样防治？

［发病条件］　以菌丝体、厚垣孢子或菌核在土壤中及病残体上越冬。尤其厚垣孢子可在土中存活5～6年或长达10年，成为主要侵染源，病菌从根部伤口侵入，后在病部产生分生孢子，借雨水或灌溉水传播蔓延，进行再侵染。高温、高湿利其发病，连作地、低洼地、黏土地或下水头发病重。

［危害症状］　主要侵染根及茎部，初呈水浸状，后腐烂。缢缩不明显，病部腐烂处的维管束变褐，不向上发展，别于枯萎病。后期病部往往变重，留下丝状维管束。病株地上部初期症状不明显，后叶片中午萎蔫，早晚尚能恢复，严重的则多数不能恢复而枯死。

［防治方法］　有条件的与十字花科、百合科作物实行3年以上轮作。采用高畦栽培，认真平整土地，防止大水漫灌及雨后田间积水，苗期发病要及时松土，增强土壤透气

性。发病初期喷洒或浇灌50%甲基硫菌灵(甲基托布津)可湿性粉剂500倍液或根腐灵300倍液,或50%多菌灵可湿性粉剂500倍液,或配成药土撒在茎基部。

☞ 182. 黄瓜根结线虫病发生的条件是什么? 有何特点? 怎样防治?

[发病条件] 该虫多在土壤5~30 cm处生存,常以卵或2龄幼虫随病残体遗留在土壤中越冬,一般可存活1~3年,病土、病苗及灌溉水是主要传播途径。翌春条件适宜时,由埋藏在寄主根内的雌虫,产出单细胞的卵,卵产下经几小时形成1龄幼虫,脱皮后孵出2龄幼虫,离开卵块的2龄幼虫在土壤中移动寻找根尖,由根冠上方侵入定居在生长锥内,其分泌物刺激导管细胞膨胀,使很快形成巨型细胞或虫瘿,或称根结,在生长季节根结线虫的几个世代以对数增殖,发育到4龄时交尾产卵,卵在根结里孵化发育,2龄后离开卵块,进入土中进行再侵染或越冬。在设施内单一种植几年后,导致寄主植物抗性衰退时,根结线虫可逐步成为优势种。南方根结线虫生存最适温度25~30℃,高于40℃,低于5℃很少活动,55℃经10 min致死。田间土壤湿度是影响孵化和繁殖的重要条件。土壤湿度适合蔬菜生长,也适于根结线虫活动,雨季有利于孵化和侵染,但在干燥,或过湿土壤中,其活动受到抑制,其在沙土中为害常较黏土中重,适宜土壤pH值4~8。

[危害症状] 目前此病较流行,主要发生在根部,侧根或须根上,须根或侧根染病后产生瘤状大小不等的根结。解剖根结,病部组织里有很多细小的乳白色线虫埋于其内。根结之上一般可长出细弱的新根,致寄主再度染病,形成根

结。地上部表现症状因发病的轻重程度不同而异，轻病株症状不明显，重病株生育不良，叶片中午萎蔫或逐渐黄枯，植株矮小，影响结实，发病严重时，全田枯死。

［防治方法］

①水淹法：有条件地区对地表 10 cm 或更深土层淤灌几个月，可在多种蔬菜上起到防止根结线虫侵染，繁殖和增长的作用，根结线虫虽然未死，但不能侵染。

②在根结线虫发生严重田块，实行与石刁柏 2 或 5 年轮作，可收到理想效果。芹菜、黄瓜、番茄是高感菜类，大葱、韭菜、辣椒是抗耐病菜类，病田种植抗耐病蔬菜可减少损失，降低土壤中线虫量，减轻下茬受害。保护地重病田在定植时，穴施 10％力满库颗粒剂，每 667 m^2 施 5 kg，有很好效果。

③施石灰氮，近年来，在设施内施用石灰氮，并进行闷棚，收到了一定的效果，但由于石灰氮碱性太强，在施用时一定要注意安全，同时由于施用石灰氮易造成土壤碱性增加，要进行适当管理。

183. 如何防治黄瓜的蚜虫?

［生活习性］ 华北地区年发生 10 余代，长江流域 20～30代，以卵在越冬寄主上或以成蚜、若蚜在温室内蔬菜上越冬或继续繁殖。春季气温达 6℃以上开始活动，在越冬寄主上繁殖 2 或 3 代后，于 4 月底产生有翅蚜迁飞到露地蔬菜上繁殖为害，直至秋末冬初又产生有翅蚜迁入保护地，可产生雄蚜与雌蚜交配产卵越冬。春、秋季 10 余天完成 1 代，夏季 4 或 5 天 1 代，每雌蚜可产若蚜 60 余头。繁殖的适温为 16～20℃，北方超过 25℃，南方超过 27℃，相

对湿度达75%以上,不利于瓜蚜繁殖。北方露地以6~7月中旬虫口密度最大,为害最重,7月中旬以后,因高温高湿和降雨冲刷,不利于瓜蚜生长发育,为害程度也减轻。通常,窝风地受害重于通风地。

[为害特点] 以成虫及若虫在叶背和嫩茎上吸食作物汁液。瓜苗嫩叶及生长点被害后,叶片卷缩,瓜苗萎蔫,甚至枯死。老叶受害,提前枯落,缩短结瓜期,造成减产。

[防治方法] 可采用2.5%保得乳油2 000倍液或20%康福多浓可溶剂4 000倍液,50%辛硫磷乳油1 000~1 500倍液或10%吡虫可湿性粉剂2 500倍液,65%蚜螨虫威可湿性粉剂600~700倍液,20%灭扫利乳油2 000倍液,2.5%功夫乳油2 000倍液,2.5%天王星乳油3 000倍液等药剂防治,喷洒时应注意使喷嘴对准叶背,将药液尽可能喷射到瓜蚜体上。避蚜雾(抗蚜威)虽然对菜蚜(甘蓝蚜、桃蚜、萝卜蚜等)具有特效,但对瓜蚜效果差,不宜使用。保护地可选用杀蚜烟剂,每667 m^2 每次施400~500 g,分散放4或5堆,用暗火点燃,冒烟后密闭3 h杀蚜效果在90%以上。

☞ 184. 白粉虱的生活习性如何？其危害症状怎样？

在北方,温室一年可发生10余代,冬季在室外不能存活,因此是以各虫态在温室越冬并继续为害。成虫羽化后1~3天可交配产卵,平均每雌虫产142.5粒。也可进行孤雌生殖,其后代为雄性。成虫有趋嫩性,在寄主植物打顶以前,成虫总是随着植株的生长不断追逐顶部嫩叶产卵,因此白粉虱在作物上自上而下的分布为:新产的绿卵、变黑的卵、初龄若虫、老龄若虫、伪蛹、新羽化成虫。白粉虱卵以卵柄从气孔插入叶片组织中，与寄主植物保持水分平衡，极不易脱落。若虫孵化后3天内在叶背可做短距离游走，当口器插入叶组织后就失去了爬行的机能，开始营固着生活。粉虱发育历期：18℃为31.5天，24℃为24.7天，27℃为22.8天。各虫态发育历期，在24℃时，卵期7天，1龄5天，2龄2天，3龄3天，伪蛹8天。粉虱繁殖的适温为18～21℃，在生产温室条件下，约1个月完成一代。冬季温室作物上的白粉虱，是露地春季蔬菜上的虫源，通过温室开窗通风或菜苗向露地移植而使粉虱迁入露地。因此，白粉虱的蔓延，人为因素起着重要作用。白粉虱的种群数量，由春至秋持续发展，夏季的高温多雨抑制作用不明显，到秋季数量达高峰，集中为害瓜类、豆类和茄果类蔬菜。在北方由于温室和露地蔬菜生产紧密衔接和相互交替，可使白粉虱周年发生。

[危害症状]　成虫和若虫吸食植物汁液，被害叶片褪绿、变黄、萎蔫，甚至全株枯死。此外，由于其繁殖力强，繁殖速度快，种群数量庞大，群聚为害，并分泌大量蜜液，严重污染叶片和果实，往往引起煤污病的大发生，使蔬菜失去商品价值。除严重为害西红柿、青椒、茄子、马铃薯等茄科作物外，也是严重为害黄瓜、菜豆的害虫。

☞ 185. 如何防治黄瓜的白粉虱？

对白粉虱的防治，应以农业防治为主，加强蔬菜作物的栽培管理，培育“无虫苗”，辅以合理使用化学农药，积极开展生物防治和物理防治。

(1)农业防治

①提倡温室第一茬种植白粉虱不喜食的芹菜、蒜黄等

较耐低温的作物，而减少黄瓜、西红柿的种植面积。

②培育“无虫苗”，把育苗温室和生产温室分开，育苗前彻底熏杀残余虫口，清理杂草和残株，以及在通风口密封尼龙纱，控制外来虫源。

③避免黄瓜、番茄、菜豆混栽。

④温室、大棚附近避免栽植黄瓜、番茄、茄子、菜豆等粉虱发生严重的蔬菜。提倡种植白粉虱不喜食的十字花科蔬菜，以减少虫源。

(2)药剂防治

由于粉虱世代重叠，在同一时间同一作物上存在各虫态，而当前药剂没有对所有虫态皆有效的种类，所以采用化学防治法，必须连续几次用药。可选用的药剂和浓度如下：

①10%扑虱灵乳油(又名灭幼酮、优乐得、亚乐得、有效成分为噻嗪酮)1 000 倍液，对粉虱特效。

②25%灭螨猛乳油 1 000 倍液对粉虱成虫、卵和若虫皆有效。

③20%康福多浓可溶剂 4 000 倍液或 10%大功臣可湿性粉剂每 667 m^2 施用有效成分 2 g，持效期 30 天。

④天王星 2.5%乳油 3 000 倍液可杀成虫、若虫、假蛹，对卵的效果不明显。

⑤2.5%功夫乳油 3 000 倍液。

⑥灭扫利 20%乳油 2 000 倍液，连续施用，均有较好效果。

(3)生物防治

可人工繁殖释放丽蚜小蜂(又名粉虱匀鞭蚜小蜂)，在温室第二茬番茄上，当粉虱成虫在 0.5 头/株以下时，每隔 2 周放 1 次，共 3 次，释放丽蚜小蜂成蜂 15 头/株，寄生蜂可在温室内建立种群并能有效地控制白粉虱为害。

(4)物理防治

白粉虱对黄色敏感,有强烈趋性,可在温室内设置黄板诱杀成虫。方法是利用废旧的纤维板或硬纸板,裁成1.0 m×0.2 m长条,用油漆涂为橙皮黄色,再涂上一层粘油(可使用10号机油加少许黄油调匀),每667 m^2 设置32~34块,置于行间可与植株高度相同。当粉虱粘满板面时,需及时重涂粘油,一般可7~10天重涂1次。要防止油滴在作物上造成烧伤。黄板诱杀与释放丽蚜小蜂可协调运用,并配合生产"无虫苗",作为综合治理的几项主要内容。此外,由于粉虱繁殖迅速易于传播,在一个地区范围内的生产单位应注意联防联治,以提高总体防治效果。

☞ 186.如何防治螨虫?

(1)农业防治

铲除田边杂草,清除残株败叶,可消灭部分虫源和早春寄主。天气干旱时,注意灌溉,增加菜田湿度,不利于其发育繁殖。

(2)药剂防治

当前对朱砂叶螨有特效的是仿生农药农克螨(AGRIMEC),1.8%乳油2 000倍液效果极好,持效期长,并且无药害。此外,可采用灭扫利20%乳油2 000倍液,螨克20%乳油2 000倍液或水胺硫磷40%乳油2 500倍液,20%双甲脒乳油1 000~1 500倍液,目前商品制剂三氯杀螨因含有DDT,会造成污染,不宜在菜田使用。

八、采收及采后处理

☞ 187. 如何采摘黄瓜及选瓜？

黄瓜以嫩果供食用，连续结果，陆续采收。本茬口黄瓜定植后至始收所需要的时间因品种特性、定植期、栽培管理状况及气候条件等而有所差异。通常情况下，定植到始收的时间为 40 天左右。但就某一朵雌花而言，从开花到适宜商品采收标准的时间通常 10～15 天。大果型黄瓜品种开花至采收的时间稍长，而小果型品种则时间稍短。冬季室内光温条件较差时，开花至采收时间长，而春秋季节，室内光温条件较好时，则时间相应缩短。

尽管黄瓜果实发育速度较快，但商品果实采收期并无严格要求，当瓜条长度和横径达到一定大小，果面逐渐平滑，刺瘤逐渐稀疏，而种子和瓜皮尚未硬化前，均可采收。由于我国各地消费习惯不同，对于商品果实采收时的成熟度要求也不尽一致。我国华北大部分地区以果实“顶花带刺”作为最佳商品采收期，要求瓜条果面已充分展开，花干而未枯、果面刺瘤略显稀疏、刺白而未干。

在掌握采收标准后还应注意不同结瓜部位的果实采收标准不同：根瓜应适当早收，以防止坠秧。瓜秧中部的瓜条则应在符合市场消费要求的前提下适当晚收，尽量结大瓜，通过提高单瓜重来提高总产量。上部所结的瓜条则也应当早收，以便于保持后期植株长势，防止早衰。不同植株长相在掌握瓜条采收标准时也有所不同：长势较弱的植株上所结的果实应适当早收，以促进植株茎叶生长，而长势旺盛的植株的瓜条则应当适当晚收。不同长相的瓜条采收标准也不同：对于外观顺直的瓜条应适当晚收，而畸形瓜则应适当早收，必要时甚至可以在瓜条膨大前就可及时摘除。另外，不同生长季节所掌握的采收标准也应有所不同。冬季瓜条应适当早收，避免因光照弱、温度低而影响其他果实发育或引起化瓜过多。而秋季和春季外界光温条件适宜时，瓜条可适当晚收、留大瓜，以利于产量提高。

188. 黄瓜的储藏条件是什么？

黄瓜储藏条件主要考虑以下因素：

(1)温度

黄瓜的最佳储藏温度是10～13℃。当温度高于13℃，就会加速黄瓜老化，加速黄瓜体内纤维素的分解，从而使黄瓜果实由脆嫩变为发糠，持续20天时黄瓜由绿变黄，瓜顶膨大。当温度在7℃以下虽然衰老慢，保持绿色，但会出现生理损伤。如在5℃以下2天，就会产生低温伤害，其特征是黄瓜表皮出现斑点，甚至凹陷，凹陷严重时出现水渍状，组织细胞瓦解进一步扩大到腐烂。

(2)湿度

黄瓜对空气的相对湿度是很敏感的，一般要求空气相对湿度保持在90%～95%，如空气湿度小，可适当在储藏环境场所内喷水，并防止长时间的空气对流。

(3)空气中的氧气含量

黄瓜收获后在储藏过程中，与储藏环境中的氧气含量关系密切。黄瓜储藏时间的长短，品质的好坏与呼吸强度有关，果实的呼吸强度越大，储藏的时间就越短，反之储藏的时间就越长。果实呼吸强度的大小除与温度有关以外，还与氧气的含量有密切关系。黄瓜果实在储藏时以2%～4%的氧气含量最适合，有效的延长储藏期，并能抑制畸形果的发生，很好的保持黄瓜的绿色。

如果氧气浓度高于21%，呼吸作用使储藏的黄瓜果实组织内的有机物氧化分解，果实的外部形态及内部结构也发生明显得变化，果实表皮由绿变黄，顶部变粗，变成大头小尾，果实发糠，种子变硬。一但储藏环境的氧气低于2%时，反而容易发生缺养伤害，果实的瓜柄发生萎缩，并使果实容易遭受霉菌的侵染，对储藏反而不利。

(4)二氧化碳

是呼吸作用的产物，因而对呼吸作用有抑制作用。空气中的二氧化碳浓度为0.03%，高于此浓度对黄瓜的呼吸作用起到抑制作用。当二氧化碳浓度超过5%以上时，果实会产生生理障碍。常见的是表皮产生不规则褐斑，细胞内部产生乙醛和乙醇，使细胞中毒死亡，黄瓜产生苦味。所以环境中二氧化碳浓度在5%以下时，对黄瓜的保绿防衰有利。但是二氧化碳的上限值并不是固定不变的，它与环境中的氧气含量有关。在储藏中如果氧气含量高一些，二氧化碳的浓度可以高一些；氧气含量低时，二氧化碳的浓度也应低一些。总之，黄瓜储藏的气体比例控制在氧气含量2%～5%，二氧化碳含量2%～5%效果最好。

(5)乙烯

黄瓜的衰老除了与温度、湿度、氧气和二氧化碳的组成比例有关以外，还与本身释放的乙烯浓度有关，乙烯是一种促进成熟的内源激素，大多数果实和蔬菜在成熟过程中本身就释放乙烯气体，当乙烯的浓度达到一定值后，对蔬菜的成熟和衰老有促进作用。调解和改善储藏条件，使黄瓜产生乙烯的速度减慢，或使已经产生的乙烯气体不起作用，就可以延缓黄瓜的成熟、衰老和腐烂。气调储藏黄瓜时，一方面通过提高环境的二氧化碳浓度，来抑制乙烯的产生；另一方面，采用乙烯吸收剂如高锰酸钾溶液来吸收储藏环境产生的乙烯气体。

(6)机械损伤

黄瓜在栽培、收获、包装、运输、摆放等过程中，容易使黄瓜发生碰伤等机械损伤，黄瓜受伤以后，伤口周围的细胞开始进行旺盛的分裂，以修复伤口，这就需要一定的物质和能量。因此，黄瓜的呼吸强度增高，另外，伤口处细胞分裂，细胞中的营养流出，并聚集在伤口处，为微生物的生长提供条件，使其大量繁殖，也会造成黄瓜腐烂。

☞ 189. 黄瓜有哪些储藏方法？

(1)气调储藏法

利用气调法储藏可以较好的保持黄瓜的品质，这种方法是调解储藏环境的气体成分。一种是自发气调储藏，即利用黄瓜在储藏过程中自身呼吸作用，消耗贮藏环境中的氧气，提高二氧化碳浓度，以此来抑制呼吸作用和乙烯的产生。另一种是人工气调储藏，利用气调设备制造高浓度的氮，通入气调库内置换其中的普通空气，获得含氧浓度低于普通空气的气体。气调库内二氧化碳浓度超过要求的指标时，用清除二氧化碳的设备清除，构成储藏黄瓜适宜气体环境，即适宜的二氧化碳与氧气的浓度比。一般气调储藏结合冷藏进行。

(2)塑料袋气调储藏

黄瓜用1∶5虫胶水液加2 000～4 000 mg/L本来特、托布津或多菌灵涂抹，在冷库内采用0.03～0.04 mm厚度的聚氯乙烯薄膜塑料袋，每袋装入黄瓜 2.5～3.0 kg，并在塑料袋内放入黄瓜重量 1/20～1/40 高锰酸钾饱和溶液浸泡过的泡沫转碎块，将塑料袋扎口后装箱，在储藏架上分层摆放。控制温度 11～13℃，相对湿度 95%。调控期内的氧气和二氧化碳气体含量均在 2%～5%，黄瓜可储藏 45～60 天。

(3)塑料薄膜大帐储藏

储藏首先对储藏库和包装容器用硫黄、克霉灵或漂白粉消毒。利用厚度为 0.10～0.20 mm 的塑料薄膜做成大帐，将选好的黄瓜用 1∶5 虫胶水加 2 000～4 000 mg/L 本来特涂抹后再装框，垛如大帐内，大帐封严，其他条件同塑料袋气调储藏。为提高储藏效果，可利用氯气消毒，每 2 或 3 天在大帐内充一次氯气，每次用量为大帐内空气体积的 0.2%。

(4)黄瓜的涂抹保鲜

黄瓜是一种难储的果菜，通常只有 3～5 天的货架寿命。利用涂抹保鲜技术，延长货架寿命 10 天以上。方法是：取一定量的蔗糖脂肪酸酯，加入定量的水，加热至 60～80℃搅拌融解，并缓慢加入一定量的海藻酸钠，继续搅拌至充分溶解，冷却至室温备用。涂抹液的组合为蔗糖脂肪酸酯 5%，海藻酸钠 0.48%。将选择好的黄瓜浸入到涂膜液中，浸泡 30 s 后取出黄瓜，自然风干，然后用塑料袋包装置于室温下储藏。

☞ 190. 如何进行黄瓜的运输包装？

黄瓜必须用抗挤压的容器，我国长期沿用的包装材料有木箱、铁丝筐、竹筐，近年来纸箱、塑料箱有较快的发展。

利用纸箱包装，在一天内的湿度可达到 95%～100%。但是纸箱吸潮后抗压强度下降，有可能使黄瓜受伤。可采用隔水纸箱或在纸箱中用聚乙烯薄膜铺垫，则有效防止纸箱吸潮。如果用比较干燥的木箱包装，由于木材吸湿，会使运输环境的湿度下降。高湿运输注意发生霉烂。黄瓜包装的每件净重不得超过 25 kg。

九、附录

附录一　无公害食品　黄瓜生产技术规程

（NY/T 5057—2002）

（中华人民共和国农业部 2002-07-25 发布，
2002-09-01 实施）

前　　言

本标准由中华人民共和国农业部提出。

本标准起草单位：全国农业技术推广服务中心，辽宁省农业技术推广总站，浙江省农业厅农作物管理局，北京市农业技术推广站，河北省农业技术推广站，中国农业科学院蔬菜花卉研究所。

本标准主要起草人：李建伟、赵义平、赵山普、张志斌、田明军、曹之富、张德纯、赵建阳、王振庄、张真和、李莉。

1　范围

本标准规定了无公害食品黄瓜的产地环境要求和生产管理措施。

本标准适用于无公害食品黄瓜生产。

2　规范性引用文件

下列文件中的条款通过本标准的引用而成为本标准的条款。凡是注日期的引用文件，其随后所有的修改单（不包括勘误的内容）或修订版均不适用于本标准，然而，鼓励根据本标准达成协议的各方研究是否使用这些文件的最新版本。

GB 4285　农药安全使用标准

GB/T 8321　(所有部分)农药合理使用规则

NY 5010　无公害食品蔬菜产地环境条件

3　产地环境

应符合 NY 5010 的规定，选择地势高燥，排灌方便，土层深厚、疏松、肥沃的地块。

4　生产技术管理

4.1　保护设施

包括日光温室、塑料大棚、连栋温室、改良阳畦、温床等。

4.2　多层保温

棚室内外增设的二层以上覆盖保温措施。

4.3　栽培季节的划分

4.3.1　早春栽培

深冬定植，早春上市。

4.3.2　秋冬栽培

秋冬定植，初冬上市。

4.3.3　冬春栽培

秋冬定植，春节前上市。

4.3.4　春提早栽培

终霜前 30 天左右定植，初夏上市。

4.3.5　秋延后栽培

夏末初秋定植，9 月末 10 月初上市。

4.3.6　长季节栽培

采收期 8 个月以上。

4.3.7　春夏栽培

晚霜结束后定植，夏季上市。

4.3.8　夏秋栽培

夏季育苗定植，秋季上市。

4.4　品种选择

选择抗病、优质、高产、商品性好、适应市场需求的品种。冬春、早春、春提早栽培选择耐低温弱光、对病害多抗的品种；夏春、夏秋、秋冬、秋延后栽培选择抗病毒病、耐热的品种；长季节栽培选择高抗、多抗病害、抗逆性好、连续结果能力强的品种。

4.5　育苗

4.5.1　育苗设施选择

根据季节不同选用温室、塑料大棚、阳畦、温床等育苗设施，夏秋季育苗应配有防虫、遮阳设施。有条件的可采用穴盘育苗和工厂化育苗，并对育苗设施进行消毒处理，创造适合秧苗生长发育的环境条件。

4.5.2　营养土配制

4.5.2.1　营养土要求：pH 值 5.5～7.5，有机质 2.5%～3.0%，有效磷 20～40 mg/kg，速效钾 100～140 mg/kg，碱解氮 120～150 mg/kg，孔隙度约 60%，土壤疏松，保肥保水性能良好。配制好的营养土均匀铺于播种床上，厚度10 cm。

4.5.2.2　工厂化穴盘或营养钵育苗营养土配方为 2 份草炭加 1 份蛭石，以及适量的腐熟农家肥。

4.5.2.3　普通苗床或营养钵育苗营养土配方：选用无害虫源的田土占 1/3，炉灰渣（或腐熟马粪，或草炭土，或草木灰）占 1/3，腐熟农家肥占 1/3。不适宜使用未发酵好的农家肥。

4.5.3　育苗床土消毒

按照种植计划准备足够的播种床。每平方播种床用福尔马林 30～50 mL，加水 3 L，喷洒床土，用塑料薄膜闷盖 3

天后揭膜，待气体散尽后播种。或 72.2%霜霉威水剂 400 倍液，或按每平方米苗床用 15～30 mg 药土做床面消毒。方法：用 8～10 g 50%多菌灵与 50%福美双混合剂（按 1∶1 混合），与 15～30 kg 细土混合均匀撒在床面。

4.5.4 种子处理

4.5.4.1 药剂浸种。用 50%多菌灵可湿性粉剂 500 倍液浸种 1 h，或用福尔马林 300 倍液浸种 1.5 h，捞出洗净催芽可防治枯萎病，黑星病。

4.5.4.2 温汤浸种。将种子用 55℃的温水浸种 20 min，用清水冲净黏液后晾干再催芽（防治黑星病，炭疽病，病毒病，菌核病）。

4.5.5 催芽

消毒后的种子浸泡 4～6 h 后捞出洗净，置于 28℃催芽。包衣种子直播即可。

4.5.6 播种期

根据栽培季节，育苗手段和壮苗指标选择适宜的播种期。

4.5.7 种子质量

种子纯度 95%，净度 98%，发芽率 95%，水分 8%。

4.5.8 播种量

根据定植密度，每 667 m^2 栽培面积育苗用种量 100～150 g，直播用种量 200～300 g。每平方米播种床播种 25～30 g。

4.5.9 播种方法

播种前浇足底水，湿润至深 10 cm。水渗下后用营养土找平床面。种子 70%破嘴均匀撒播，覆盖营养土 1.0～1.5 cm。每平方米苗床再用 50%多菌灵 8 g，拌上细土均匀撒于床面上，防治猝倒病。冬春播种育苗床面上覆盖地膜，夏末床面覆盖遮阳网或稻草，70%幼苗顶土时撤除床面覆盖物。

4.5.10 苗期管理

4.5.10.1 温度：夏秋育苗主要采用遮阳降温。冬春育苗温度管理见附表1。

附表1 苗期温度调节表 ℃

时期	白天适宜温度	夜间适宜温度	最低夜温
播种至出苗	25～30	16～18	15
出土至分苗	20～25	14～16	12
分苗或嫁接后至缓苗	28～30	16～18	13
缓苗后到炼苗	25～28	14～16	13
定植前5～7天	20～23	10～12	10

4.5.10.2 光照：冬春育苗采用反光幕或补光设施等增加光照。夏秋育苗要适当遮阳降温。

1.5.10.3 水肥：分苗时水要浇足，以后视育苗季节和墒情适当浇水。苗期以控水控肥为主。在秧苗3或4叶时，可结合苗情追加0.3%尿素。

4.5.10.4 其他管理

4.5.10.4.1 种子拱土时撒一层过筛床土加快种壳脱落。

4.5.10.4.2 分苗：当苗子叶展开，真叶显现，按株行距10 cm分苗。最好采用直径10 cm营养钵分苗。

4.5.10.4.3 扩大营养面积：秧苗2或3叶时加大苗距。

4.5.10.4.4 炼苗：冬春育苗，定植前一周，白天20～23℃，夜间10～12℃。夏秋育苗逐渐撤去遮阳网，适当控制水分。

4.5.10.5 嫁接

4.5.10.5.1 嫁接方法：靠接法，黄瓜比南瓜早播种2或3天，在黄瓜有真叶显露时嫁接。插接，南瓜比黄瓜早播种3或4天。在南瓜子叶展平有第1片真叶，黄瓜两子叶一心时嫁接。

4.5.10.5.2 嫁接苗的管理：将嫁接苗栽入直径10 cm的营养钵中，覆盖小拱棚遮光2或3天，提高温湿度，以利伤口愈合。7～10 天接穗长出新叶时撤除小拱棚，靠接要断接穗根。其他管理参见 4.5.10.1～4.5.10.4。

4.5.10.6　壮苗的标准

子叶完好，茎基粗，叶色浓绿，无病虫害。冬春育苗，株高 15 cm 左右，5 或 6 片叶；夏秋育苗，2 或 3 片叶，株高 15 cm 左右，苗龄 20 天左右。长季节栽培根据栽培季节选择适宜的秧苗。

4.6　定植前准备

4.6.1　整地施基肥

根据土壤肥力和目标产量确定施肥总量。磷肥全部作基肥，钾肥 2/3 作基肥，氮肥 1/3 作基肥。基肥以优质农家肥为主，2/3 撒施，1/3 沟施，按照当地种植习惯做畦。

4.6.2　棚室消毒

棚室在定植前要进行消毒，每 667 m^2 设施用 80％敌敌畏乳油 250 g 拌上锯末，与 2 000～3 000 g 硫黄粉混合，分 10 处点燃，密闭一昼夜，放风后无味时定植。

4.7　定植

4.7.1　定植时间

10 cm 最低土壤温度稳定通过 12℃后定植。

4.7.2　定植方法及密度

采用大小行栽培，覆盖地膜。根据品种特征，气候条件及栽培习惯，一般每 667 m^2 定植 3 000～4 000 株，长季节大型温室，大棚栽培每 667 m^2 定植 1 800～2 000 株。

4.8　田间管理

4.8.1　温度

4.8.1.1　缓苗期：白天 28～30℃，晚上不低于 18℃。

4.8.1.2　缓苗后采用四段变温管理：8～14 时，25～30℃；14～17 时 20～25℃；17～24 时 15～20℃；24 时至日出，15～

10℃。地温保持 15～25℃。

4.8.2　光照

采用透光性良好的耐候功能膜，保持膜面清洁，白天揭开保温覆盖物，日光温室后部采用反光幕，尽量增加光照强度和时间。夏秋季节适当遮阳降温。

4.8.3　空气湿度

根据黄瓜不同生育阶段对湿度的要求和控制病害的要求，最佳空气相对湿度的调控指标是缓苗期 80%～90%，开花结果期 70%～85%。生产上要通过地膜覆盖，滴灌或是暗灌，通风排湿，温度调控等措施控制在最佳指标范围。

4.8.4　二氧化碳

冬春季节补充二氧化碳，使设施内的浓度达到 800～1 000 mg/kg。

4.8.5　肥水管理

4.8.5.1　采用膜下滴灌和暗灌。定植后及时浇水，3～5 天后浇缓苗水，根瓜坐住后，结束蹲苗，浇水追肥，冬春季节不浇明水，土壤相对湿度保持在 60%～70%，夏秋季节保持在 75%～85%。

4.8.5.2　根据黄瓜长相和生长期长短，按照平衡施肥要求施肥，适时追施氮肥和钾肥。同时，应有针对性地喷施微量元素肥料，根据需要可喷施叶面肥防早衰。

4.8.5.3　不允许使用的肥料：在生产中不应使用未经无害化处理和重金属元素含量超标的城市垃圾、污泥和有机肥。

4.8.6　植株调整

4.8.6.1　吊蔓或插架绑蔓：用尼龙绳吊蔓或用细竹竿插架绑蔓。

4.8.6.2　摘心，打底叶：主蔓结瓜，侧枝留一瓜一叶摘心。25～30 片叶时摘心，长季节栽培不摘心，采用落蔓方式。

病叶、老叶、畸形瓜要及时打掉。

4.8.7 及时采收

适时早采摘根瓜，防止坠秧。及时分批采收，减轻植株负担，以确保商品果品质，促进后期果实膨大。产品质量应符合无公害食品的要求。

4.8.8 清洁园田

将残枝败叶和杂草清理干净，集中进行无害化处理，保持田间清洁。

4.8.9 病虫害防治

4.8.9.1 主要病虫害

4.8.9.1.1 苗期主要病虫害：猝倒病、立枯病、蚜虫。

4.8.9.1.2 田间主要病虫害：霜霉病、细菌性角斑病、炭疽病、黑星病、白粉病、疫病、枯萎病、蔓枯病、灰霉病、菌核病、病毒病、蚜虫、烟粉虱、根结线虫病、茶黄螨、潜叶蝇。

4.8.9.2 防治原则

按照“预防为主，综合防治”的植保方针，坚持以“农业防治、物理防治、生物防治为主，化学防治为辅”的无害化治理原则。

4.8.9.3 农业防治

4.8.9.3.1 抗病品种：针对当地主要病虫控制对象，选用高抗多抗的品种。

4.8.9.3.2 创造适宜的生育环境条件：培育适龄壮苗，提高抗逆性。控制好温度和空气湿度，适宜的肥水，充足的光照和二氧化碳，通过放风和辅助加温，调节不同生育时期的适宜温度，避免低温和高温伤害。深沟高畦，严防积水，清洁田园，做到有利于植株生长发育，避免侵染性病害发生。

4.8.9.3.3 耕作制度：与非瓜类作物轮作3年以上。有条件的地区实行水旱轮作。

4.8.9.3.4　科学施肥：测土平衡施肥，增施充分腐熟的有机肥，少施化肥，防止土壤盐渍化。

4.8.9.4　物理防治

4.8.9.4.1　设施防护：在放风口用防虫网封闭，夏季覆盖塑料薄膜、防虫网和遮阳网。进行遮雨、遮阳、防虫栽培，减轻病虫害的发生。

4.8.9.4.2　黄板诱杀：设施内悬挂黄板诱杀蚜虫等害虫。黄板规格 25 cm×40 cm，每 667 m^2 悬挂 30～40 块。

4.8.9.4.3　银灰膜驱避蚜虫：铺银灰色地膜或张挂银灰膜膜条避蚜。

4.8.9.4.4　高温消毒：棚室在夏季宜利用太阳能进行土壤高温消毒处理。

高温闷棚防治黄瓜霜霉病：选晴天上午，浇一次大水后封闭棚室，将棚温提高到 46～48℃，持续 2 h，然后从顶部慢慢加大放风口，缓缓使室温下降。以后如需要每隔 15 天闷棚 1 次。闷棚后加强肥水管理。

4.8.9.4.5　杀虫灯诱杀害虫：利用频振杀虫灯、黑光灯、高压汞灯、双波灯诱杀害虫。

4.8.9.5　生物防治

4.8.9.5.1　天敌：积极保护利用天敌，防治病虫害。

4.8.9.5.2　生物药剂：采用浏阳霉素、农抗 120、农用链霉素、新植霉素等生物农药防治病虫害。

4.8.9.6　主要病虫害的药剂防治

使用药剂防治应符合 GB 4285、GB/T 8321（所用部分）的要求。保护地优先采用粉尘法、烟熏法。注意轮换用药，合理混用。严格控制农药安全间隔期。

4.8.9.7　不允许使用的剧毒、高毒农药：甲胺磷、甲基对硫磷、对硫磷、久效磷、磷胺、甲拌磷、甲基异柳磷、特丁硫磷、甲基硫环磷、治螟磷、内吸磷、克百威、涕灭威、灭线磷、硫环磷、蝇毒磷、地虫硫磷、氯唑磷、苯线磷等剧毒、高毒农药。

附录二 无公害食品 黄瓜

（NY 5074—2002）

（中华人民共和国农业部 2002-07-25 发布，
2002-09-01 实施）

前　言

本标准由中华人民共和国农业部提出。

本标准起草单位：农业部蔬菜品质监督检验测试中心（北京）、中国农业科学院蔬菜花卉研究所。

本标准主要起草人：顾兴芳、刘肃、方秀娟、高苹。

1　范围

本标准规定了无公害食品黄瓜的要求、试验方法、检验规则、标志、包装、运输和贮存。

本标准适用于无公害食品黄瓜。

2　规范性引用文件

下列文件中的条款通过本标准的引用而成为本标准的条款。凡是注日期的引用文件、其随后所有的修改单（不包括勘误的内容）或修订版均不适用于本标准，然而，鼓励根据本标准达成协议的各方研究是否可使用这些文件的最新版本。凡是不注日期的引用文件，其最新版本适用于本标准。

GB/T 5009.12　食品中铅的测定方法

GB/T 5009.15　食品中镉的测定方法

GB/T 5009.20　食品中有机磷农药残留量的测定方法

GB/T 8855　新鲜水果和蔬菜的取样方法

GB/T 8868　蔬菜塑料周转箱

GB 14877　食品中氨基甲酸酯类农药残留量的测定方法

GB 14878　食品中百菌清残留量的测定方法

GB/T 14929.4　食品中氯氰菊酯、氰戊菊酯和溴氰菊酯残留量测定方法

GB/T 14973　食品中粉锈宁残留量的测定方法

GB/T 15401　水果、蔬菜及其制品亚硝酸盐和硝酸盐含量的测定

3　要求

3.1　感官

同一品种或相似品种，长短和粗细基本均匀，无明显缺陷（缺陷包括机械伤、腐烂、异味、冻害和病虫害）。

3.2　卫生

卫生要求应符合附表 2 的规定。

附表 2　无公害食品黄瓜卫生要求

序号	项目	指标(mg/kg)
1	敌敌畏(dichlorvos)	≤0.2
2	乐果(dimethoate)	≤1
3	乙酰甲胺磷(acephate)	≤0.2
4	氯氰菊酯(cypermethrin)	≤0.5
5	氰戊菊酯(fenvalerate)	≤0.2
6	抗蚜威(pirimicarb)	≤1
7	百菌清(chlorothalonil)	≤1
8	三唑酮(triadimefon)	≤0.2
9	铅(以 Pb 计)	≤0.2
10	镉(以 Cd 计)	≤0.05
11	亚硝酸盐(以 $NaNO_2$ 计)	≤4

注：根据《中华人民共和国农药管理条例》，剧毒和高毒农药不得在蔬菜生产中使用。

4 试验方法

4.1 感官要求检测

品种特征、腐烂、冻害、病虫害及机械伤害等,用目测法检测。病虫害有明显症状或症状不明显而有怀疑者,应取样瓜剖开检验。异味用口尝和鼻嗅的方法检测。

4.2 卫生要求检测

4.2.1 敌敌畏、乐果、乙酰甲胺磷按 GB/T 5009.20 规定执行

4.2.2 氯氰菊酯、氰戊菊酯按 GB/T 14929.4 规定执行

4.2.3 抗蚜威按 GB 14877 执行

4.2.4 百菌清按 GB 14878 规定执行

4.2.5 三唑酮按 GB/T 14973 规定执行

4.2.6 铅按 GB/T 5009.12 规定执行

4.2.7 镉按 GB/T5009.15 规定执行

4.2.8 亚硝酸盐按 GB/T 15401 规定执行

5 检测规则

5.1 检验分类

5.1.1 型式检验

型式检验是对产品进行全面考核,即对本标准规定的全部要求进行检验。有下列情形之一者应进行形式检验:

a. 国家质量监督机构或行业主管部门提出型式检验要求;

b. 前后两次抽样检验结果差异较大;

c. 因人为或自然因素使生产环境发生较大变化。

5.1.2 交收检验

每批产品交收前,生产者应进行交收检验。交收检验内容包括感观、标志和包装。检验合格后并附合格证方可交收。

5.2 组批规则

同一产地、同时采收的黄瓜作为一个检验批次。

5.3 抽样方法

按照 GB/T 8855 中的有关规定执行

报验单填写的项目应与实货相符，凡与实货不符，包装容器严重损坏者，应由交货单位重新整理后再行抽样。

5.4 包装检验

应按第七章的规定进行。

5.5 判定规则

5.5.1 每批受检样品抽样检验时，对有缺陷的样品做记录，不合格百分率按有缺陷的条数计算。每批受检样品的平均不合格率不应超过 5%。

5.5.2 卫生要求有一项不合格，该批次产品为不合格。

6 标志

包装上的标志和标签应标明产品名称、生产者、产地、净含量和采收日期等，字迹应清晰、完整、准确。

7 包装、运输和贮存

7.1 包装

7.1.1 用于黄瓜的包装容器应整洁、干燥、牢固、透气、无污染、无异味、内壁无尖突物。纸箱无受潮、离层现象。塑料箱应符合 GB/T 8868 的要求。

7.1.2 每批黄瓜所用的包装、单位净含量应一致。

7.1.3 包装检验规则：逐件称量抽取的样品，每件的净含量不应低于包装外标志的净含量。

7.2 运输

7.2.1 黄瓜采收后应就地整修，及时包装、运输。

7.2.2 运输时，应做到轻装、轻卸，严防机械损伤，应防热、防冻、防雨淋。运输工具应清洁、卫生。

7.3 贮存

7.3.1 临时贮存应在阴凉、通风、清洁、卫生的条件下，严防暴晒、雨淋、高温、冷冻、病虫害及有毒物质的污染。堆码时需轻卸、轻装，严防挤压碰撞。

7.3.2 冷藏时堆码应小心谨慎，严防果实损伤，堆码方式需保证气流能均匀地通过垛堆。

7.3.3 贮存库中温度宜保持在 10～13℃，空气相对湿度在 90%～95%。

7.3.4 贮存库应有通风换气装置，确保温度和相对湿度的稳定与均匀。

参考文献

[1] 农业部全国农业技术推广总站. 黄瓜 西葫芦生产 180 问. 北京:农业出版社,1995.
[2] 尚庆茂,高丽红,王怀松. 黄瓜无公害生产技术. 北京:中国农业出版社,2003.
[3] 张福墁. 设施园艺学. 北京:中国农业大学出版社,2000.
[4] 陈青云,李成华. 农业设施学. 北京:中国农业大学出版社,2001.
[5] 高丽红. 蔬菜穴盘育苗实用技术. 北京:中国农业出版社,2004.
[6] 张真和. 高效节能日光温室园艺—蔬菜果树花卉栽培新技术. 北京:农业出版社,1996.
[7] 郜凤梧,等. 黄瓜四季栽培. 北京:科学技术文献出版社,1994.
[8] 朱国仁,等. 保护地蔬菜病虫害综合防治. 北京:中国农业出版社,1998.
[9] 吴锦涛,等. 果蔬保藏与加工. 北京:化学工业出版社,2001.

黄瓜

栽培技术问答

高丽红　吴楠　李元　编著

中国农业大学出版社